S. FISCHER

Giorgio Parisi
Der Flug der Stare

Das Wunder komplexer Systeme

Aus dem Italienischen
von Enrico Heinemann

S. FISCHER

Aus Verantwortung für die Umwelt hat sich der S. Fischer Verlag zu einer nachhaltigen Buchproduktion verpflichtet. Der bewusste Umgang mit unseren Ressourcen, der Schutz unseres Klimas und der Natur gehören zu unseren obersten Unternehmenszielen.

Gemeinsam mit unseren Partnern und Lieferanten setzen wir uns für eine klimaneutrale Buchproduktion ein, die den Erwerb von Klimazertifikaten zur Kompensation des CO_2-Ausstoßes einschließt.

Weitere Informationen finden Sie unter: www.klimaneutralerverlag.de

Der Verlag Rizzoli dankt Emanuela Minnai für ihre begeisterte und kompetente Mitarbeit. Ohne diesen unschätzbaren Beitrag wäre dieses Buch nicht entstanden.

FSC
www.fsc.org
MIX
Papier aus verantwortungsvollen Quellen
FSC® C014496

Erschienen bei S. FISCHER

Die Originalausgabe erschien unter dem Titel »In un volo di storni. Le meraviglie dei sistemi complessi« im Verlag Rizzoli, Mailand.

Satz: Dörlemann Satz, Lemförde
Druck und Bindung: GGP Media GmbH, Pößneck
Printed in Germany
ISBN 978-3-10-397177-4

Inhalt

Meiner Ehefrau Daniella Ambrosino,
die mir stets zur Seite stand.

Der Flug der Stare

> Die Frage der Interaktionen ist wichtig, auch für das Verständnis psychologischer, sozialer und ökonomischer Phänomene. Wir haben uns insbesondere darauf konzentriert, wie es allen Beteiligten des Schwarms durch Kommunikation gelingt, ihre Bewegungen so aufeinander abzustimmen, dass eine einzigartige kollektive und vielfältige Einheit entsteht.

Das kollektive Verhalten von Tieren zu beobachten ist faszinierend, sei es ein Vogel- oder Fischschwarm oder eine Herde von Säugetieren.

Bei Sonnenuntergang können wir bestaunen, wie Stare spektakuläre Bilder erzeugen, als Tausende schwarzer Flecken, die sich in ihrem Tanz klar von einem schimmernden Himmel abheben. Wir sehen, wie sie – ohne zu kollidieren oder den Kontakt zueinander zu verlieren – Hindernisse überwinden, auseinanderstreben und sich in ihrer räumlichen Position immer wieder neu formieren, wie dirigiert von einem Orchesterleiter, dessen Anweisungen alle befolgen. Wir können endlos dabei zuschauen, wie sich dieses Schauspiel in immer neuen und unerwarteten Formen wiederholt. Manchmal kommt selbst bei der Betrachtung dieser reinen Schönheit die Berufskrankheit eines Wissenschaftlers zum Vorschein, sich zahlreiche Fragen zu stellen. Gibt es einen Konzertmeister, oder orchestriert sich dieses kollektive Verhalten selbst? Wie verbreitet sich die Information blitzschnell durch den gesamten Schwarm? Wie ist es möglich, dass sich die Formationen so rasant verändern? Wie verteilen sich die Geschwindigkeiten und Beschleunigungen der Vögel? Wie gelingen ihnen gemeinsame Wenden, ohne zusammenzuprallen? Genügen den Staren einfache Interaktionsregeln, aus denen sich aufeinander abgestimmte veränderliche Bewegungen ergeben, wie wir sie am Himmel über Rom beobachten?

Wenn man neugierig ist und Antworten auf all seine Fragen haben will, macht man sich auf die Suche: einst in Büchern, heute im Internet. Mit etwas Glück stößt man auf die Antworten. Falls nicht, weil keiner sie kennt, man aber *wirklich* neugierig ist, stellt sich die Frage, ob man nicht selbst die Antwort liefern muss. Dass sie bislang noch keiner gefunden hat, macht keine Angst. Im Grunde ist das ja der Beruf: sich etwas einfallen zu lassen oder in Angriff zu nehmen, was bislang noch keiner versucht hat. Aber man kann sein Leben nicht damit verbringen, Panzertüren öffnen zu wollen, zu denen einem der Schlüssel fehlt. Zuvor muss man erst einmal überprüfen, ob man über den Sachverstand und die technischen Mittel verfügt, um ans Ziel zu gelangen. Den Erfolg garantiert einem niemand. Bildhaft gesprochen, muss man sein Herz in die Hand nehmen und Hindernisse beseitigen, aber wenn die Hindernisse zu groß sind, muss man auch aufgeben können.

Der Flug der Stare faszinierte mich deshalb besonders, weil er an den roten Faden anschloss, der sich nicht nur durch meine Forschung, sondern auch durch unzählige weitere Studien der modernen Physik zieht: das Verhalten eines Systems nachzuvollziehen, das sich aus einer großen Anzahl interagierender Komponenten (Akteuren) zusammensetzt. Diese Akteure können in der Physik je nach Fall Elektronen, Atome, Spins oder Moleküle sein. Sie folgen ganz einfachen Verhaltensregeln, erzeugen aber zusammengenommen ein deutlich komplexeres kollektives Verhalten. Die statistische Physik versucht seit dem 19. Jahrhundert auf Fragen folgender Art zu antworten: Warum siedet oder erstarrt eine Flüssigkeit bei einer bestimmten Temperatur? Warum leiten bestimmte Substanzen elektrischen Strom und übertragen Wärme gut (zum Beispiel Metalle), während andere Isolatoren sind? … Die Antworten auf diese Fragen wurden längst gefunden, andere suchen wir noch.

Bei all diesen physikalischen Problemen verstanden wir quantitativ, wie das kollektive Verhalten aus einfachen Interaktionsregeln zwischen den einzelnen Akteuren hervorgeht. Die Herausforderung bestand darin, den Anwendungsbereich der Methoden der statistischen Mechanik von lebloser Materie auf Tiere, zum Beispiel auf Stare, zu erweitern. Dies konnte nicht nur in der Verhaltensforschung und Evolutionsbiologie zu interessanten Ergebnissen führen, sondern langfristig auch zu einem verbesserten Verständnis wirtschaftlicher und sozialer Phänomene. Denn auch sie werden durch eine große Anzahl an sich wechselseitig beeinflussenden Individuen bestimmt. Verstanden werden muss, welche Beziehung zwischen den Verhaltensweisen der einzelnen Individuen und denen des Kollektivs besteht.

Der große amerikanische Physiker Philip Warren Anderson (Nobelpreis 1977) hatte diese Idee 1972 in seinem provokanten Artikel »More Is Different« dargelegt und darin behauptet, dass in einem System mit der zunehmenden Anzahl seiner Komponenten nicht nur eine quantitative, sondern auch eine qualitative Veränderung eintritt: Als konzeptionelles Hauptproblem müsse die Physik die Beziehungen zwischen den mikroskopischen Regeln und dem makroskopischen Verhalten nachvollziehen.

Starenschwärme

Um etwas zu verstehen, müssen wir es zunächst kennen. Bei den Staren fehlte uns allerdings eine entscheidende Information: Wir mussten ihre Bewegungen im Raum nachvollziehen, ohne dass dazu damals brauchbares Material vorlag. Tatsächlichen waren die Massen an verfügbaren (auch einfach im Internet auffindbaren) Video- und Fotoaufnahmen immer nur aus einem Blickwinkel erstellt worden, womit jedwede dreidimensionale Information fehlte. Wir befanden uns gewissermaßen in der Lage der Gefangenen in Platons Höhlengleichnis, die nur zweidimensionale Schatten auf Felswänden zu sehen bekommen, ohne die dreidimensionale Natur der Objekte erfassen zu können.

Und gerade diese Schwierigkeit bildete einen weiteren Grund für mein Interesse: Die Bewegung der Stare zu studieren ergab ein umfassendes Forschungsprojekt. Es beinhaltete die Ideenfindung für das Experiment, das Sammeln und Auswerten der Daten, die Entwicklung der geeigneten Software für die Simulation sowie die Interpretation der experimentellen Ergebnisse, um Schlussfolgerungen zu ziehen.

Wir wussten, dass die Methoden der statistischen Physik, seit jeher mein Forschungsgebiet, für die dreidimensionale Rekonstruktion der Flugbahnen unverzichtbar sein würden. Aber das eigentlich Faszinierende daran war für mich, an der Planung und Durchführung des experimentellen Teils der Studie mitzuwirken. Als theoretische Physiker arbeiten wir im Allgemeinen fernab der Labore und beschäftigen uns mit abstrakten Konzepten. Ein reales Problem zu lösen bedeutet, unzählige Variablen zu beherrschen, die im vorliegenden Fall von der Auflösung und Brennweite der Kameraobjektive über die optimale Aufstellung der Geräte und die Speicherkapazität für die Daten bis hin zu den Auswertungstechniken reichten. Jede Einzelheit entscheidet über Erfolg oder Misserfolg des Experiments. Bei Überlegungen »am Reißbrett« hat man nicht im Entferntesten eine Ahnung davon, auf wie viele Probleme man »im Feld« stößt. Mich aus der Laborpraxis ganz herauszuhalten, hat mir noch nie gefallen.

Stare sind höchst interessante Vögel. Vor Jahrhunderten verbrachten sie die warmen Monate in Nordeuropa und zogen zum Überwintern nach Nordafrika. Inzwischen sind die Temperaturen in der kalten Jahreszeit nicht nur wegen des Klimawandels gestiegen. Unsere Städte haben sich sowohl mit zunehmender Größe als auch durch vielfältige Wärmequellen (Haushalt, Verkehr) deutlich aufgeheizt. Zahlreiche Stare überqueren nicht mehr das Mittelmeer, sondern bleiben zum Überwintern in verschiedenen küstennahen Städten Italiens, darunter in Rom, wo die Winter milder sind als früher.

Die Stare treffen Anfang November ein und ziehen Anfang März wieder weg. Bei diesen Zügen sind sie ziemlich pünktlich: Ihr Aufbruch richtet sich wahrscheinlich weniger nach der Temperatur als nach astronomischen Gegebenheiten wie der Dauer des lichten Tags. In Rom finden sie für die Nacht immergrüne Bäume vor, die vor Wind schützen. Wenn sich in der Stadt das Nahrungsangebot verknappt, scharen sie sich tagsüber zu kleinen Gruppen von rund hundert Staren zusammen, um im Umland, jenseits der großen Ringautobahn, nach Futterplätzen zu suchen. Als soziale Tiere sind Stare ein Leben in Gemeinschaft gewohnt: Wenn sie sich auf einem Feld niedergelassen haben, gibt sich eine Hälfte in Ruhe dem Picken hin, während die andere an den Rändern nach anfliegenden Fressfeinden Ausschau hält. Die Rollen werden getauscht, wenn sie über das nächste Feld herfallen. Am Abend kehren sie in die Wärme der Stadt zurück und durchstreifen in riesigen Schwärmen den Himmel über der Hauptstadt, bis sie sich zum Schlafen in den Bäumen niederlassen. Trotz allem reagieren die Vögel immer noch sehr empfindlich auf die Winterkälte: Nach einer Nacht mit heftigem eisigen Nordwind liegen häufig zahlreiche verendete Stare unter Bäumen, die keinen ausreichenden Schutz geboten haben.

Die richtige Wahl des Schlafplatzes ist damit eine Frage auf Leben und Tod. Sehr wahrscheinlich dienen diese abendlichen Luftballette als ein von weither sichtbares Signal, dass ein passender Ruheort für die Nacht erspäht wurde. Als würde eine riesige, extrem auffällige Signalflagge geschwenkt: Ich selbst habe den Flug der Stare an einem klaren Abendhimmel im Winter aus einer Entfernung von zig Kilometern mit bloßem Auge verfolgen können; gräuliche Pünktchen, die sich in amöbenartigen Formationen vor dem Hintergrund eines Himmels bewegten, an dem dicht über dem Horizont noch ein letzter zarter Lichtstreifen zu erkennen war. Aus dem Umland eingetroffen, treten die ersten kleinen Scharen im schwindenden Tageslicht in einen immer frenetischeren Tanz ein. Nach und nach stoßen die Nachzügler dazu, worauf sich schließlich Schwärme aus Tausenden von Individuen bilden. Eine halbe Stunde nach Sonnenuntergang, wenn es fast schon stockdunkel ist, stürzen sie plötzlich auf ihre Schlafplätze in den Bäumen herab, die sie wie ein Loch verschlucken.

Häufig taucht in der Nähe der Stare ein Wanderfalke auf, der auf eine abendliche Mahlzeit aus ist. Weil sich alle Aufmerksamkeit auf die Flugmanöver der Stare konzentriert, wird er meistens übersehen und nur von den wenigen erspäht, die gezielt nach ihm suchen. Obwohl der Wanderfalke ein Raubvogel mit einer Flügelspannweite von einem Meter ist und im Sturzflug eine Geschwindigkeit von über 200 Stundenkilometern erreicht, sind die Stare für ihn keine leichte Beute. Bei einem Zusammenprall mit einem dieser Vögel im Flug könnte er sich seine fragilen Flügel brechen, sicherlich mit fatalem Ausgang. Deswegen wagt er sich nicht in den Schwarm hinein, sondern versucht, ein vereinzeltes Exemplar am Rand zu erbeuten. Die Stare reagieren auf den Angriff, indem sie sich aneinander annähern, die Reihen schließen und abrupt die Flugrichtung ändern, um seinen tödlichen Klauen zu entrinnen. Einige der spektakulärsten Flugmanöver der Stare sind eben durch solche Versuche motiviert, sich den wiederholten Attacken dieses

Raubvogels zu entziehen. Der Wanderfalke muss zahlreiche Male anfliegen, ehe er eine Beute erwischt. Viele Verhaltensweisen der Stare ergeben sich wohl aus der Notwendigkeit, diese gefürchteten Angriffe zu überleben.

Das Experiment

Zurück zu unserem Projekt: Als erste Schwierigkeit mussten wir ein dreidimensionales Bild des Schwarms und seiner Gestalt erstellen und verschiedene Fotosequenzen kombinieren, um die Abläufe in einem 3-D-Film zu rekonstruieren. Das Problem war theoretisch einfach zu lösen: Wie wir alle wissen, sind nur zwei Augen erforderlich, um räumlich sehen zu können. Die Betrachtung aus zwei verschiedenen Blickwinkeln, selbst wenn sie so nahe wie unsere Augen beieinanderliegen, ermöglicht es dem Gehirn, die Entfernung eines Objekts zu »berechnen« und daraus 3-D-Bilder zu erstellen. Ohne das zweite Auge geht das Gefühl für die Tiefe des Bildes verloren. Das kann man einfach ausprobieren, indem man ein Auge schließt und versucht, mit einer Hand nach einem Gegenstand zu greifen, der vor einem liegt: Die Hand sucht zu weit hinten oder zu weit vorn nach ihm. Wenn man versucht, mit einem verbundenen Auge Tennis oder Pingpong zu spielen, ist die Niederlage garantiert. Dieses System funktioniert in unserem Fall allerdings nur dann gut, wenn es uns gelingt, einen Vogel, den wir mit dem rechten Fotoapparat aufgenommen haben, mit einem Tier zu identifizieren, das die linke Kamera erfasst hat. Diese Operation kann zum Alptraum werden, wenn auf allen Fotos Tausende von Vögeln abgebildet sind.

Es war klar, dass uns einiges bevorstand. In Studien in der Fachliteratur waren einige Rekonstruktionen in 3-D anhand von Fotos mit höchstens 20 Tieren erstellt worden, die man manuell identifiziert hatte: Wir hatten es mit Tausenden von Fotos zu tun, auf denen jeweils mehrere tausend Vögel abgebildet waren. Von Hand war die Identifikation natürlich unmöglich, also mussten wir sie an einen Computer delegieren.

Ein Problem ohne angemessene Vorbereitung anzugehen, führt leicht ins Desaster. Wir stellten eine Gruppe zusammen, die neben Physikern (mir, meinem Doktorvater Nicola Cabibbo sowie meinen beiden ehemaligen Studierenden Andrea Cavagna und Irene Giardina) auch zwei Ornithologen umfasste (Enrico Alleva und Claudio Carere). Mit dem inzwischen verstorbenen Ökonomen Marcello De Cecco und weiteren europäischen Forschungsgruppen reichten wir 2004 einen Finanzierungsantrag bei der Europäischen Union ein. Er wurde genehmigt: Damit konnten wir starten, Studierende und Doktoranden ins Projekt holen und Ausrüstungsgegenstände anschaffen.

Unsere Fotoapparate installierten wir auf dem Dach des Palazzo Massimo, in dem ein Teil der herrlichen Sammlungen des Römischen Nationalmuseums untergebracht ist. Der Bau blickt auf den Vorplatz des Bahnhofs Roma Termini. Die Stare nutzten diesen Platz damals (erste Daten wurden zwischen Dezember 2005 und Februar 2006 gesammelt) als eines ihrer begehrtesten Nachtlager. Wir verwendeten die leistungsfähigsten handelsüblichen Fotoapparate, weil Videokameras damals noch eine zu geringe Bildauflösung boten. Zwei Apparate im Abstand von 25 Metern zueinander stellten sicher, dass wir die jeweilige Position von zwei Staren zueinander aus mehreren hundert Metern Entfernung auf rund 10 Zentimeter genau bestimmen konnten: Diese Präzision genügte, um Stare auseinanderzuhalten, die mit einem Abstand von etwa einem Meter nebeneinander flogen. Wenige Meter von der einen Kamera entfernt hatten wir eine dritte installiert, die für Abhilfe sorgte, wenn zwei Vögel von einer der Hauptkameras in einer überlappenden Position erfasst wurden: Sie leistete in verschiedenen Fällen, in denen sich die 3-D-Rekonstruktion als besonders schwierig erwies, wertvolle Unterstützung.

Alle drei Fotoapparate schossen auf die Millisekunde genau (mit Hilfe einer einfachen elektronischen Steuerung, die wir konstruiert hatten) zur gleichen Zeit jeweils fünf Fotos pro Sekunde. Um die Häufigkeit der Bilder zu verdoppeln, hatten wir an jedem Standort eine zweite Kamera installiert, die mit der ersten in Kontakt stand und zu ihr zeitversetzt Fotos schoss: Faktisch erhielten wir so von jedem Standort zehn Fotos pro Sekunde. Im Grunde erzielten wir auf die Art kein viel schlechteres Ergebnis als mit einer Videokamera, die normalerweise zwischen 25 und 30 Bilder pro Sekunde aufnimmt. Wir arbeiteten mit Fotoapparaten, erhielten tatsächlich aber kleine Filmaufzeichnungen.

Die technischen Probleme lasse ich allesamt beiseite: das Ausrichten der Kameras (mit Hilfe einer gespannten Angelschnur), das Fokussieren, das Kalibrieren, das rasche Abspeichern der unzähligen Megabytes an Daten … Am Ende hatten wir es geschafft, auch dank der Hartnäckigkeit Andrea Cavagnas, dem wir gern die Aufgabe überlassen hatten, die Operationen zu leiten: Er ist gewiss ein weitaus tauglicherer Organisator als ich, zumal ich durch zahlreiche andere Pflichten abgelenkt war.

Natürlich mussten wir nicht nur die 3-D-Filme erstellen, was aus technischer Sicht eine sehr anspruchsvolle Aufgabe ist, sondern auch die Positionen im dreidimensionalen Raum rekonstruieren. Bei 3-D-Filmen im Kinosaal wird diese Operation einfach bewerkstelligt: Jedes Auge bekommt das zu sehen, was eine der beiden Kameras jeweils aufgenommen hat: Unser aus Millionen Jahren natürlicher Selektion hervorgegangenes Gehirn ist vollauf in der Lage, diese Bilder zu einer dreidimensionalen Ansicht zu verarbeiten, in der die Objekte im Raum verortet sind. Wir mussten eine ähnliche Aufgabe bewältigen und nutzten dazu Algorithmen auf einem Computer – der zweite Teil unserer Herausforderung. Wir schöpften unser gesamtes Repertoire an statistischer Analyse, Wahrscheinlichkeitsrechnung und ausgefeilten mathematischen Algorithmen aus. Monatelang befürchteten wir, nicht ans Ziel zu gelangen: Manchmal kommt einem ein allzu schwieriges Problem in den Quere und lässt einen am Ende mit leeren Händen dastehen (vorher weiß man das nie). Zum Glück kamen wir nach harter Arbeit, und indem wir die notwendigen mathematischen Instrumente erfanden, auf die passenden Tricks, mit denen wir eine Schwierigkeit nach der anderen überwinden konnten. Und so erhielten wir ein knappes Jahr nach der Aufnahme der ersten hochwertigen Fotos die ersten 3-D-Rekonstruktionen.

Die Erforschung des Flugs

Auch wenn es offensichtlich den Biologen zufällt, das Verhalten der Stare zu untersuchen, setzt die quantitative Erforschung der dreidimensionalen Bewegungen von Individuen eine Analyse voraus, die nur Physiker durchführen können. Die gleichzeitige Auswertung von Hunderten von Fotos, die Tausende von Vögeln zeigen, um die Flugbahnen der einzelnen Stare im Raum und im zeitlichen Ablauf zu rekonstruieren, gehört zu den typischen Aufgaben unseres Berufs. Die dafür geeigneten Analysen haben viel mit den Methoden gemein, die wir entwickelt haben, um Probleme der statistischen Physik zu lösen oder gewaltige Massen an experimentellen Daten auszuwerten.

Nach fast zwei Jahren Arbeit waren wir weltweit die Einzigen, die dreidimensionale Bilder von Starenschwärmen besaßen. Allein durch die Beobachtung dieser Vögel haben wir viel gelernt. Wenn wir einen Schwarm vom Boden aus mit bloßem Auge betrachten, fällt uns als besonders eindrucksvolles Merkmal auf, wie rasant sich seine Form verändert. Wer dieses Schauspiel noch nie gesehen hat, dem kann man es nur schwer beschreiben: Am Himmel bewegen sich vielfältig geformte Objekte, die sich abrupt zusammenziehen, sich enger zusammendrängen, wieder auseinanderstreben, in der die Formen umschlagen, fast unsichtbar und dann dunkler werden. Ihre Gestalt und Dichte schwankt gewaltig.

Viele Simulationen, mit denen wir versuchten, dieses Verhalten am Computer nachzustellen, gingen von Staren aus, die im Wesentlichen eine kugelförmige Gestalt hatten. Wie uns die ersten dreidimensionalen Aufnahmen allerdings zeigten, ähnelt ein Star eher einer Scheibe. Eben deshalb sehen wir eine Form, die sich so rasch verändert: Ein scheibenförmiges Objekt sieht je nach Richtung, aus der es beobachtet wird, ganz unterschiedlich aus: In der Draufsicht erscheint es deutlich größer und runder, während es in der Seitenansicht weitaus schmaler wirkt. Die gewaltige und blitzschnelle Veränderung der Form und Dichte des Schwarms entsteht folglich durch die dreidimensionale Wirkung der sich verändernden Ausrichtung der Stare zu uns Betrachtern. (Nicola Cabibbo hatte diese Erklärung schon vor dem Experiment vorgebracht, aber ohne Beobachtungsdaten konnten wir nicht belegen, dass seine Intuition richtig war.)

Höchst überrascht hat uns dagegen die Entdeckung, dass die Dichte der Vögel am Rand des Schwarms um fast 30 Prozent höher lag als im Zentrum. Am Rand fliegen Stare enger beieinander als in der Mitte: ungefähr so wie in einem überfüllten Bus, in dem das Gedränge häufig um die Türen herum am größten ist, weil neu zugestiegene Fahrgäste stehen bleiben, während sich andere zum Aussteigen zu ihnen hinbegeben. Wenn wir uns die Vögel eines Schwarms unbedarft als Teilchen vorstellen, die einander anziehen, erwarten wir, dass die Dichte im Zentrum am höchsten ist und zu den Rändern hin abnimmt. Tatsächlich war das Gegenteil der Fall. Stare bilden Formationen mit scharf abgegrenzten Rändern: Selten entfernt sich ein einzelner Vogel aus der Gruppe. Dieses Verhalten ist aller Wahrscheinlichkeit nach biologisch begründet, als ein Schutzmechanismus gegen die Angriffe der Wanderfalken. Isoliert wird ein Vogel zu einer leichten Beute, und je enger die Vögel am Rand beieinander fliegen, desto schwerer sind sie zu greifen. Dagegen müssen die Stare im Zentrum kein dichtes Konglomerat bilden, um sich in Sicherheit zu fühlen: Sie sind schon durch die Artgenossen am Rand geschützt.

Beim Betrachten der ersten Fotos entdeckten wir auch, dass jeder Vogel dazu neigt, zu den Artgenossen vor und hinter sich einen größeren Abstand einzuhalten als zu denen, die seitlich von ihm fliegen. Ungefähr so wie Fahrzeuge auf der Autobahn: Dass zwei Wagen in einem Abstand von nur wenigen Metern nebeneinanderher fahren, ist völlig normal, während unbedingt davon abzuraten ist, sich einem voranfahrenden bis auf zwei Meter anzunähern.

Zudem zeigt sich dieses Verhalten, zu den Artgenossen in Flugrichtung deutlich größeren Abstand einzuhalten als zu denen neben sich, sowohl in den dichtesten Schwärmen (mit einem mittleren Abstand von 80 Zentimetern) als auch in deutlich lockereren Verbänden (mit einem mittleren Abstand von rund zwei Metern). Das Phänomen hängt also nicht von der Entfernung zwischen den Vögeln insgesamt ab. Es ist anzunehmen, dass es sich dabei nicht um ein Problem der Aerodynamik handelt wie bei Flugzeugen, die zueinander Abstand halten müssen, damit sie nicht von der Wirbelschleppe anderer erfasst werden. Anderenfalls wäre der Effekt deutlich schwächer ausgeprägt, wenn die Vögel weiter voneinander entfernt fliegen. Verantwortlich ist vielmehr die Art, wie sie sich wechselseitig aneinander orientieren, um ihre Flugbahn zu halten, ohne miteinander zu kollidieren.

Etwas Neues

Diese Eigenart der Positionen der Stare hat uns zu einem wahrhaft überraschenden Ergebnis verholfen: Die Interaktion der Stare hängt nicht so sehr vom Abstand zwischen ihnen ab, sondern von der Verbindung der Vögel in größter Nähe. Das erscheint ganz natürlich: Wenn ich mit Freunden ein Rennen laufe, nach rechts abbiege und dabei nicht aus dem Tritt geraten will, achte ich auf denjenigen, der (in einem Abstand von einem oder zwei Metern) neben mir herläuft, ohne mich im Mindesten um die in größerer Entfernung zu kümmern. Im Nachhinein betrachtet, war diese Erkenntnis eigentlich offensichtlich. In der Physik und Mathematik stehen die Bemühungen, etwas Neues zu verstehen, in einem frappierenden Missverhältnis dazu, wie einfach und selbstverständlich das Resultat erscheint, sobald die verschiedenen Schritte durchgerechnet sind. In der Wissenschaft wie in der Poesie fehlt im Endergebnis jede Spur von den Mühen und Zweifeln, die den kreativen Prozess begleitet haben.

»Die Schwerkraft zwischen zwei Körpern ist proportional zum Quadrat ihres Abstands zueinander.« Ist Ihnen Newtons Gesetz der universellen Gravitation noch präsent? Seit dessen Formulierung behandelt die Physik gewöhnlich Wechselwirkungen, die von der Entfernung abhängen. Dass diese nur eine marginale Rolle spielt, wenn die Intensität der Wechselwirkung bestimmt werden soll, käme einem gar nicht in den Sinn – bis es einem die experimentellen Daten unter die Nase reiben.

Wie lief es nun in unserem Fall? Als Erstes haben wir die vorangegangenen Beobachtungen zur Neigung der Vögel, zu Artgenossen vor ihnen einen größeren »Sicherheitsabstand« einzuhalten als zu denen neben ihnen, auf quantitative Art ausgedrückt: Damit haben wir eine Quantität definiert, die wir *Anisotropie* nannten. (In der Physik ist eine Größe anisotrop, wenn sie in verschiedenen Raumrichtungen unterschiedliche Werte aufweist.) Wenn wir in einer Fotosequenz, die einen bestimmten Schwarm zeigt, die Anisotropie bei Paaren benachbarter Vögel maßen, fanden wir einen erhöhten Wert vor, während der Wert bei weit voneinander entfernten Vögeln praktisch bei null lag. Bis hierher waren wir zufrieden: Da wir erwartet hatten, dass Vögel mit großem Abstand keine Information über ihre jeweilige Position zueinander besaßen, erschien logisch, dass es zwischen den seitlichen Abständen und denen in Flugrichtung keinen Unterschied mehr gab.

Ernsthafte Probleme traten auf, als wir die Anisotropie bei Vögeln gleicher Abstände zueinander in verschiedenen Fotosequenzen miteinander verglichen. Nichts passte zusammen: Manchmal war die Anisotropie bei Vögeln in einer Entfernung von zwei Metern sehr groß, während sie in anderen Fotoserien bei gleicher Entfernung verschwindend gering war. Die Daten ergaben offenbar keinen Sinn. Am Ende bemerkten wir, dass ein Vergleich des Verhaltens zweier Vögel bei gleicher Entfernung zueinander in verschiedenen Schwärmen deshalb nicht funktionierte, weil die Abstände zwischen zwei unmittelbar benachbarten Vögeln von Schwarm zu Schwarm stark variieren können.

Wir wechselten den Blickwinkel: Wir definierten für jeden Vogel seinen direkten Nachbarn, also den Artgenossen, der am dichtesten neben ihm herfliegt, dann seinen zweiten und seinen dritten Nachbarn und so weiter. Dabei entdeckten wir, dass die Anisotropie unter den direkten Nachbarn groß, unter den zweiten geringer und bei den sechsten schließlich praktisch gleich null war. Auf den ersten Blick mag es so aussehen, als sei dieses Ergebnis auch nicht aussagekräftiger als das der vorangegangenen Analyse. Die Anisotropie verlor sich mit zunehmender Entfernung. Aber die Dinge verändern sich, wenn wir Schwärme miteinander vergleichen: Die Anisotropie war bei den Paaren aus ersten Nachbarn in verschiedenen Schwärmen gleich groß, obwohl die mittlere Entfernung zwischen diesen Vögeln in dem einen Schwarm mehr als doppelt so groß wie in dem anderen war. An dem Punkt brauchte es keine größeren geistigen Anstrengungen: Die Daten zwangen uns zu der Annahme, dass die Interaktion zwischen den Vögeln nicht vom absoluten Abstand zwischen den Paaren, sondern von den relativen Verhältnissen der Abstände abhing.

Dies war das Ergebnis unserer ersten Arbeit von 2008. Seither ist viel Wasser den Tiber hinabgeflossen. Die Zusammensetzung der Forschungsgruppe hat sich verändert. Ich habe begonnen, mich in Vollzeit der Erforschung der Spin-Gläser zu widmen. Neue Finanzmittel wurden bewilligt sowie neue, deutlich modernere Geräte angeschafft: Die inzwischen auf dem Markt befindlichen Fotoapparate konnten bis zu 160 Einzelbilder à 4 Megapixel pro Sekunde schießen.

Viel Arbeit wurde geleistet, mit frischen Ideen und der Einführung neuer Algorithmen: Gegenwärtig ist es möglich, mit einer Präzision von wenigen Hundertstelsekunden den Augenblick zu bestimmen, in dem jeder Vogel die Flugrichtung wechselt, wenn der Schwarm eine Wende fliegt. Fast immer beginnt dabei eine kleine Gruppe am Rand, worauf in kürzester Zeit – in einigen Zehntelsekunden bei kleinen und in einer guten Sekunde bei großen Schwärmen – sämtliche Vögel folgen. Wie sich am Ende einer langen Auswertung der Daten und kniffliger theoretischer Überlegungen zeigte, lässt sich das quantitative Verhalten des Schwarms auch während einer Wende in zahlreichen Einzelheiten nachvollziehen: Die Vögel folgen einfachen Regeln, die durch die durchgeführten Messungen rekonstruiert wurden, und bewegen sich dabei anhand ihrer Position zu den Nachbarn. Die Information zur Wende verbreitet sich wie eine rasante Mund-zu-Mund-Propaganda rasch von einem Vogel zum nächsten.

Unsere Untersuchungen haben das Paradigma, das für die Erforschung von Schwärmen, Rudeln und Herden bislang eingesetzt wurde, vollständig verändert. Tatsächlich galt es vor unserer Arbeit als ausgemacht, dass die Interaktion von der Entfernung abhänge. Seit unserer Arbeit ist dagegen zu berücksichtigen, dass sie immer zwischen Nachbarn stattfindet. Aber das wohl interessanteste Ergebnis war der konkrete Nachweis, dass es machbar war, die Position von Tausenden von Vögeln zeitgleich zu verfolgen und aus dieser Kenntnis nützliche Informationen zu gewinnen, um das Verhalten der Tiere zu verstehen.

Ermöglicht wurden unsere Ergebnisse dadurch, dass wir quantitative Techniken zur statistischen Untersuchung des Verhaltens einer sehr zahlreichen Gruppe von Tieren heranzogen. Wir setzten neue Untersuchungsstandards fest, indem wir in der Biologie Methoden einsetzten, die in der statistischen Physik eingeführt und weiterentwickelt worden waren, um Probleme komplexer und ungeordneter Systeme zu lösen. Nicht alle Biologen wussten diesen Übergriff auf ihr Gebiet zu schätzen: Einige zeigten sich am Ergebnis sehr interessiert, während andere befanden, dass unsere Untersuchung zu wenig mit Biologie und zu viel mit Mathematik zu tun habe. Mehrere Zeitschriften lehnten unsere Arbeit ab und bereuten es später wahrscheinlich: Nach dem großen Erfolg unseres ersten Artikels, der bisher in fast 2000 wissenschaftlichen Veröffentlichungen zitiert wurde, sind zahlreiche weitere gefolgt.

Die Biologie durchläuft eine Zeit großer Veränderungen: Die gewaltig anwachsende Menge gewonnener Daten macht den Einsatz quantitativer Methoden nicht nur möglich, sondern notwendig. Ob diese Methoden angemessen oder unpassend zum Einsatz kommen, hängt stark vom Kontext ab. Insbesondere in der Ethologie, der Verhaltensforschung, führt ein Übermaß an Mathematik leicht zu negativen Reaktionen. Tatsächlich fragen die Ethologen nach dem Warum mancher Verhaltensweisen, wohingegen es so aussehen könnte, als seien quantitative Methoden rein deskriptiv und berührten nicht den Kern der ethologischen Forschung.

Dennoch hat sich die Stimmung im Verlauf der Jahre in zahlreichen wissenschaftlichen Disziplinen gedreht, gleichwohl begleitet von hitzigen Diskussionen darüber, welche Methoden wissenschaftlich und relevant und welche vielmehr abzulehnen seien, weil sie die eigentlichen Fragen der Disziplin nicht beantworten können. Dazu fallen mir die zynischen Worte des großen Max Planck, des Begründers der Quantenmechanik, ein: »Eine neue wissenschaftliche Wahrheit pflegt sich nicht in der Weise durchzusetzen, dass ihre Gegner überzeugt werden und sich als bekehrt erklären, sondern vielmehr dadurch, dass ihre Gegner allmählich aussterben und dass die heranwachsende Generation von vornherein mit der Wahrheit vertraut gemacht ist.« Ich bin optimistischer als Planck: Ich glaube, mit gutem Willen und viel Geduld kann man – zumindest in den meisten Fällen – zu gemeinsamen Schlussfolgerungen gelangen oder zumindest strittige Punkte klären.

Die Physik in Rom vor rund 50 Jahren

> Ich hatte – völlig unbegründet – den Eindruck gehabt, Physik sei schwieriger als Mathematik, und meinte folglich, Physik zu betreiben würde mir mehr abverlangen, stelle eher eine Herausforderung dar.

Die Erinnerung an die Vergangenheit zu bewahren ist wichtig, auch und vor allem auf dem Gebiet der Wissenschaft. Deswegen möchte ich an meine ersten Jahre an der Universität erinnern und daran, wie Physik zur damaligen Zeit betrieben wurde. Ich bin kein Wissenschaftshistoriker: Ich beschränke mich auf meine Erinnerungen, auf die eines theoretischen Physikers, der sich für Elementarteilchenphysik interessierte.

Im November 1966 habe ich mich an der Universität eingeschrieben. Die Studierenden der ersten beiden Jahre konnten sich im Institut für Physik damals nicht frei bewegen. Wir besuchten die Vorlesungen der allgemeinen und der experimentellen Physik, mussten aber den Hintereingang benutzen: Es galt als unwürdig, dass Scharen von Studierenden durch den Haupteingang strömten. Dieser wurde von Agostino kontrolliert, dem epochalen Pförtner der Physik, der sich mit einem phänomenalen Gedächtnis an alle und alles erinnerte. Agostino stellte sich den Studierenden der ersten beiden Jahre mit der Frage entgegen, was sie zu erledigen hätten. Da die meisten tatsächlich (außer zu besonderen Anlässen) nichts zu erledigen hatten, verwies er sie mit einem Fingerzeig an den Hintereingang.

Wir waren rund 400 Studierende, die für die Vorlesungen des ersten Jahres eingeschrieben waren, und es gab keine Mikrophone: Die Professoren mussten sich schreiend Gehör verschaffen. Die Vorlesungen der allgemeinen Physik, die mit Abstand wichtigste und informativste Lehrveranstaltung, hielten im Jahresrhythmus abwechselnd Edoardo Amaldi und Giorgio Salvini. Ich trat bei Salvini an, der im Gegensatz zum eher nüchtern auftretenden Amaldi ein *Showman* war. Einmal kam er mit einem Drehstuhl herein, nahm darauf Platz und versetzte sich mit schweren Eisenhanteln in den Händen in eine rasche Drehung. Dann hob er die Beine an und führte vor, wie er sich schneller drehte, wenn er die Arme anzog, und langsamer wurde, wenn er sie ausstreckte. Tänzern ist dieses Phänomen geläufig: Um eine Pirouette auszuführen, breiten sie die Arme aus und ziehen sie während der Drehung zu sich heran. Die Vorlesung endete mit der Formulierung des Drehimpulserhaltungssatzes, der das beobachtete Phänomen erklärte.

Durch den Haupteingang gingen wir nur, um in die Labore der experimentellen Physik zu gelangen, in die Fisicetta (»kleine« oder »schmale« Physik«), wie sie unter uns Studierenden genannt wurde, um sie von der allgemeinen (der »großen« oder »dicken ») Physik, der Fisicona, zu unterscheiden. Die Übungen erfolgten in einem Labyrinth aus Räumen im Untergeschoss (mir sind sie als feucht und mit Zementboden in Erinnerung geblieben): In jedem Raum wurde ein anderes Experiment durchgeführt (Luftdruck,

Fall eines Körpers über eine schiefe Ebene mit geringer Reibung, Messung der notwendigen Energie, um Eis zu schmelzen …). Wir arbeiteten in Gruppen von 30 Studierenden, jeweils zu dritt an einem der zehn Tische im Raum. Die Trios blieben während des gesamten Studienjahrs bestehen. Unter diesen Umständen lernte man schwerlich ältere Studierende kennen: Außerhalb unserer Jahrgangsstufe hatten wir keine Kontakte.

Die Achtundsechziger

Die Zeit um 1968 veränderte alles. Nicht nur die Universität, sondern die gesamte Politik in Italien, Europa und der Welt: Das Ergebnis war eine gewaltige politische Radikalisierung der gesamten Gesellschaft, die auch auf die Sitten ausstrahlte. Leute, die wie ich aus einem Umfeld tendenziell Mitte rechts stammten, in dem konservativ liberal oder christdemokratisch gewählt wurde, fanden sich plötzlich in einer Situation gesellschaftlicher Auseinandersetzung wieder und wandten sich marxistischen Ideen zu. Über die Geschichte der Achtundsechziger sowie über deren Ursachen und Wirkungen wurden Ströme von Tinte vergossen, so dass sie hier nicht erörtert werden müssen. Aber ich erinnere daran, wie sich diese Zeit auf das Institut für Physik ausgewirkt hat. Für mich begann alles im großen Physiksaal, in dem dichtes Gedränge (die Teilnehmerzahl war mehr als doppelt so hoch wie die 300 Sitzplätze) herrschte. Die Versammlung tagte den ganzen Nachmittag bis um neun Uhr abends, als darüber abgestimmt wurde, das Institut zu besetzen. Der Antrag erhielt eine große Mehrheit (zwei zu eins, wie ich meine): Wir Studierende hatten es so beschlossen, also ging jetzt das, was am Institut für Physik geschah, auf unsere Kappe, auch auf die derjenigen, die dagegen gewesen waren und mit ihrem »Nein« die Legitimität der Abstimmung gleichwohl anerkannt hatten.

Begleitet von neofaschistischen Schlägertrupps mit langen harten Knüppeln, die sie in italienische Flaggen eingewickelt hatten, drang der Abgeordnete Cardonna von der neofaschistischen Partei MSI in die Universität ein. Von den Ereignissen überrumpelt, war Institutsdirektor Giorgio Careri zutiefst besorgt, dass die Fachbereichsbibliothek im ersten Stock der Physik in Flammen aufgehen könne – schon deshalb, weil die Feuerlöscher in die Geisteswissenschaften abtransportiert worden waren, um sich gegen Angreifer zu wappnen. Careri trat auf die am Eingang als Ordner postierten Studierenden zu und äußerte seine Befürchtungen mit den Worten: »Sollte das Unvermeidliche geschehen, achtet darauf, dass es im Erdgeschoss passiert.«

Nach der Zeit der Besetzungen waren sämtliche Barrieren zwischen den Studierenden der verschiedenen Jahrgänge gefallen, auch die zwischen Studierenden, Assistenten und Jungprofessoren. Es folgte eine starke Solidarisierung zwischen den unterschiedlichen Gruppen der akademischen Welt: Wie ich damals entdeckte, zählte zu den Professoren auch Paolo Camiz, der als französischer Chansonnier mit einem köstlichen Repertoire im römischen Musikclub Folkstudio auftrat. Das kann heute noch leicht auf YouTube gefunden werden.

Um Bücher zu konsultieren, dienten zwei Säle. In einem herrschte, inmitten von jahrzehntealten Zeitschriftensammlungen an den Wänden, andächtiges Schweigen. Im anderen ging es dagegen deutlich lauter zu: Es wurde geredet, gelacht und gegen Abend sogar Bridge gespielt (Briscola oder Scopone galten für Physiker als zu unernst). Das Institutsgebäude war damals deutlich belebter als heute. Nach neun Uhr abends öffnete sich eine Hintertür, und die berufstätigen Studierenden traten ein.

Aus meiner Sicht war es eine unendlich jüngere Welt, verglichen mit der heutigen Fakultät für Physik. Natürlich war ich jünger, um mehr als 50 Jahre, und verkehrte selbstverständlich auch mit jüngeren Leuten als heute, aber das Institut für Physik war ebenfalls objektiv jünger. Edoardo Amaldi, der Guru der italienischen Physik, mitunter liebevoll »il Babbo« (der Papa) genannt, war damals 60 Jahre alt. Unter ihm waren die wichtigen Lehrstühle mit Giorgio Salvini, Marcello Conversi, Giorgio Careri und Marcello Cini besetzt, alle unter 50 Jahre alt und entschieden jünger als die heutigen Professoren.

Nicola Cabibbo war seit 1966 an der Universität La Sapienza. Schon mit 31 Jahren ordentlicher Professor, war er für seine Theorie zur schwachen Wechselwirkung berühmt, beruhend auf dem sogenannten »Cabibbo-Winkel«, eine Entdeckung, für die er gut und gern den Nobelpreis verdient hätte. Er bildete die Speerspitze der gesamten italienischen theoretischen Physik: 1968 war er 33 Jahre und damit so alt wie der theoretische Physiker Francesco Calogero, der 1995 dann als Generalsekretär der Pugwash-Konferenzen den Friedensnobelpreis stellvertretend für die Organisation entgegennahm. Diese Nichtregierungsorganisation war mit dem Ziel gegründet worden, sicherzustellen, dass sich wissenschaftlicher Fortschritt im Einklang mit einer weltweiten Friedenspolitik vollzog.

Von den Assistenten der theoretischen Physik waren viele sogar noch jünger und höchstens um die dreißig. Zwar gab es auch ältere, zum Beispiel Enrico Persico, der leider 1969, vor Erreichen des 69. Lebensjahrs, starb, aber zu ihnen hatte ich kaum Kontakt: Die Lehre bestritten in der Hauptsache Professoren um die 45 Jahre, ganz andere Verhältnisse als heute.

Dies war nicht nur der Eindruck eines jungen Studenten, sondern hatte historische Gründe. An den italienischen Universitäten waren in den Fünfzigerjahren die Studierendenzahlen explodiert, was zur heute bekannten Massenuniversität führte. Insbesondere die Physik war stark entwickelt und hatte beträchtliche Finanzmittel erhalten, auch dank Amaldi, des ersten Generalsekretärs des Europäischen Kernforschungszentrums CERN (Conseil européen pour la recherche nucléaire): Die Forschungstätigkeit war vollständig internationalisiert, und wer in Italien Ansehen genoss, hatte es im Ausland erworben. In der Physik hatten die alten Hierarchien, die an anderen Instituten oder Fakultäten (mit den berüchtigten Baronen) das Geschehen beherrschten, ihren bestimmenden Einfluss verloren, so dass die besten Wissenschaftler rasch die Gipfel der akademischen Macht erklommen. (Ich erhielt meinen Lehrstuhl im Auswahlverfahren mit 32 Jahren.) Schon wenige Jahre nach Erhalt meines Diploms folgte eine Festanstellung. Als ich 1970 mit 22 Jahren meine Arbeit am Nationalen Institut für Kernphysik in Frascati aufnahm, saßen zwei meiner Freunde, Aurelio Grillo und Sergio Ferrara, mit 25 Jahre bereits auf einer Planstelle. Wenn es gut geht, befindet man sich heute in dem Alter auf halber Strecke zur Promotion.

Wir sind es so sehr gewohnt, Texte ganz einfach übers Internet auszutauschen oder so gut wie zum Nulltarif zu telefonieren, dass wir uns den damaligen wissenschaftlichen Austausch kaum noch vorstellen können.

Auslandstelefonate waren unglaublich teuer. Eines in die Vereinigten Staaten kostete 1200 Lire pro Minute, während mein erstes Forschungsstipendium gerade einmal mit 125 000 Lire dotiert war: Ein Gespräch von gut eineinhalb Stunden hätte mein gesamtes Monatseinkommen aufgezehrt. Faxe gab es damals praktisch nicht: In der Physik stand ein ziemlich wuchtiger Fernschreiber (faktisch ein Endgerät zum Telegrafieren), schwer zu handhaben und selten benutzt.

Zum Telefon wurde nur in außergewöhnlichen Fällen gegriffen. Eine der amüsantesten Episoden ereignete sich im November 1974 im Zusammenhang mit der Entdeckung des J/ψ-Mesons, auch »Psi« oder »Psion« genannt. Das Teilchen bestand aus einer Verbindung eines Charm-Quarks mit seinem Antiteilchen. Die Entdeckung beeinflusste erheblich die Entwicklung der Elementarteilchenphysik und erhielt deshalb auch die Bezeichnung »Novemberrevolution«. Entdeckt wurde das Teilchen in den Vereinigten Staaten fast zeitgleich in zwei verschiedenen Laboren. Schnell verbreitete sich die Meldung in aller Welt. In Frascati entdeckten die Forscher, dass sie das Teilchen ebenfalls beobachten konnten. Sie veränderten sofort die Parameter der laufenden Experimente, worauf das Psion nach einer Woche zum Jubel aller anwesenden Physiker auch dort in Erscheinung trat.

Das Ergebnis war von höchster Bedeutung. Auch wenn es erst nach den Amerikanern und dank Informationen aus deren Experimenten erzielt worden war, zeigte es doch die großen Fähigkeiten der italienischen Physik. Entscheidend war, einen Artikel für die bedeutendste Zeitschrift *(Physical Review Letters)* zu schreiben und ihn in der Ausgabe zu veröffentlichen, in der auch die amerikanischen Artikel erscheinen würden. Es gab keine Zeit zu verlieren. Der Redaktionsschluss stand in Kürze bevor. Sofort nach der Entdeckung wurde der Artikel im Eiltempo am Wochenende verfasst und für eine weitere Zeitersparnis in einem ungewöhnlichen Verfahren übers Telefon diktiert. Die Abbildungen mit den Grafiken wurden ebenfalls mündlich übermittelt, indem die Koordinaten der Punkte angegeben wurden, damit sie eine befreundete Person jenseits des Atlantiks neu erstellen konnte. Diktiert wurden außerdem die Namen der Autoren (eine Hundertschaft), wobei das *spelling* übers Telefon zu so manch amüsantem Ergebnis führte. Das Diktieren übernahm Giorgio Salvini, und weil er immer »S wie Salvini« sagte, verschwand er aus der Liste, weil sein Name in ein »S« verwandelt wurde: Aus »G. Salvini, M. Spinetti« wurde im Druck so »G. S. M. Spinetti«. Ein gründliches Korrigendum war unvermeidlich.

Die wissenschaftliche Zusammenarbeit erfolgte über den Austausch langer Briefe, häufig gespickt mit zahlreichen Formeln. In Italien war diese Kommunikationsform besonders mühselig. Die Post funktionierte miserabel: Briefe per Luftpost brauchten bis zur Zustellung zwei Wochen. Eine Zusammenarbeit über Entfernungen hinweg war geradezu unmöglich: Eine physische Präsenz am selben Ort war nötig.

Im Frühjahr 1970 beorderte Nicola Cabibbo mich und den etwas älteren Massimo Testa zu sich, um uns einen handschriftlichen Brief Luciano Maianis vorzulesen. Maiani hatte Rom verlassen, um ein Jahr lang in Harvard zu arbeiten. Er informierte uns über Ergebnisse, die er gemeinsam mit Sheldon Glashow und John Iliopoulos erzielt hatte. Der Brief blieb mir nicht nur wegen des höchst bedeutsamen wissenschaftlichen Resultats im Gedächtnis, sondern auch wegen des Schlusssatzes: »Wir haben das Kind mit dem Bad ausgeschüttet.« Tatsächlich informierte uns der Brief darüber, dass das Forschungsprogramm, das Nicola Cabibbo und Luciano Maiano einige Jahre zuvor im Versuch gestartet hatten, den Cabibbo-Winkel zu berechnen, in einer Sackgasse feststeckte. Wie sich zeigte, ließ sich der Winkel nicht berechnen, aber zum Ausgleich enthielt der Brief die Grundlagen für das, was nach den Initialen der drei Autoren (Glashow-Illiopoulos-Maiani) später die Bezeichnung »GIM-Mechanismus« erhalten sollte. Indem er erklärte, warum einige Wechselwirkungen zwischen Teilchen zulässig oder nicht zulässig sind, sagte dieser Mechanismus vorher, dass es zwangsläufig neutrale schwache Ströme und Quarks mit Charme geben müsse. Diese Vorhersagen wurden experimentell bestätigt, die erste 1973 und die zweite – wie wir sahen – 1974.

Die Technik

Die meisten einfachen Berechnungen erfolgten von Hand, höchstens mit Hilfe eines Rechenschiebers, den die Forschenden in der Tasche bei sich trugen. Inzwischen ist das

Gerät zum Museumsstück geworden: Nachdem es uns in die Lage versetzt hatte, schnell Multiplikationen mit zwei- bis dreistelligen Zahlen durchzuführen, wurde es von den Taschenrechnern verdrängt. Ich erinnere mich an meine Überraschung, als ich 1973 ein erstes Modell zu Gesicht bekam: Um es zu kaufen, hätte ich ein ganzes Monatseinkommen opfern müssen.

Ganz zu schweigen von den Computern, den sogenannten Rechnern, die ganz anders als die heutigen waren. Trotzdem hatten sie mit diesen eines gemein. Ettore Salusti, ein guter und um einige Jahre älterer Freund, der mir mit einem Paket mit Lochkarten in der Hand auf dem Flur begegnete, hatte mich klugerweise gewarnt: »Pass auf, was du machst: Rechner sind tückisch.« Die Tücke der Computer war eine Eigenheit, die trotz der Anstrengungen von Generationen von Informatikern nie völlig verschwunden ist. Das müssen wir leider immer wieder erfahren, wenn ein Absturz gerade in dem Moment erfolgt, in dem wir einmal nicht darauf geachtet haben, die Datei, an der wir arbeiten, zu sichern.

Der Hauptcomputer war eine gewaltige UNIVAC-Anlage, zu der nur Techniker Zugang hatten, im Untergeschoss eines Gebäudes einige hundert Meter vom Institut für Physik entfernt. Ohne Disketten hatte sein Speicher eine Kapazität von rund zehn Megabyte, ungefähr ein Millionstel von dem meines Mobiltelefons heute. In der zweiten Etage standen Geräte mit einer Tastatur – wie gigantische Schreibmaschinen –, die die Lochkarten stanzten, so dass sie die Informationen der Programme enthielten: Auf jede Karte wurde so eine Zeile mit maximal 80 Zeichen geschrieben. Im Zentrum des Saals thronte ein Terminal: Ein Gerät, in das man die Pakete mit den Karten einführte, denen mit den Stanzmaschinen mühselig der Code eingelocht worden war. Das Terminal las die Lochkarten ziemlich rasant, in einem Tempo von rund zehn pro Sekunde. Nach einer gewissen Zeit, zwischen einer Minute und einigen Stunden – lieferte ein flinker Drucker auf großen Blättern die Ergebnisse. Manchmal hörte man jemanden ausrufen: »Verdammt, ich habe einen Strichpunkt vergessen. Jetzt kann ich die Karte nochmals beschriften, und wir fangen mit allem von vorn an!« Um die Karten ins Lesegerät zu stecken, musste man Schlange stehen. Jemand brachte kleine Pakete mit gut hundert Karten, andere kamen mit Tausenden in Spezialbehältern, einer Art länglichen Kassetten an. Einmal geriet ein Kollege mit einem ein Meter langen Behälter ins Stolpern und schüttete sämtliche Karten auf dem Boden aus. »Das war's mit der Datenauswertung«, seufzte er. Es waren die Karten fürs Programm: Er hatte seine Arbeit zu zwei Dritteln abgeschlossen, aber die Tausenden verschütteter Karten zu sortieren, hätte ein endloses Puzzlespiel bedeutet. Lieber begnügte er sich mit den lückenhaften Daten, schloss mit der Forschungsarbeit ab und wandte sich der Untersuchung anderer Probleme zu.

Daten digital mit einem Computer zu erfassen war unvorstellbar: Dafür gab es weder Geräte noch Schnittstellen zwischen dem Messinstrument und dem Computer. Die vom Gerät abgelesenen Daten wurden von Hand protokolliert. In einem besonderen Fall setzten wir zur schnellen Auswertung von Signalen eine der neuesten technischen Errungenschaften ein: einen Streifen Thermopapier, der mit einem Meter pro Sekunde durch das Gerät lief, während ein heißer Stift das Signal aufzeichnete, genau so wie bei einem Elektrokardiogramm, allerdings deutlich schneller.

In der Teilchenphysik wurden häufig Funkenkammern mit einer Größe von einigen Metern eingesetzt. Ein durchfliegendes Teilchen schlägt Funken, anhand deren Spuren sich seine Flugbahn rekonstruieren lässt. Die Funken wurden fotografiert, worauf ihre Koordinaten notiert werden mussten. Bei dieser Operation *(scanning)* wurden die Fotos auf große Tische projiziert, an denen ausschließlich Frauen Arme, ähnlich einem Pantographen, bewegten. Wenn der Arm am richtigen Punkt war, drückten sie einen Knopf, um eine Lochkarte zu stanzen. Diese Damen, die in einem großen Raum im dritten Stock arbeiteten, hießen scherzhaft *scannatrici*, »Scannerinnen«, was im Italienischen aber auch »Schlachterinnen« heißt. Ihre sehr mühevolle Aufgabe war grundlegend für sämtliche Experimente der Teilchenphysik.

Die theoretische Elementarteilchenphysik

In meinem Umfeld als junger Student galt die theoretische Elementarteilchenphysik als das Nonplusultra. Viele extrem tüchtige Freunde, die mir ein Jahr voraus waren, konnten ihre Abschlussarbeit nicht bei Nicola Cabibbo schreiben, weil sich die Diplomanden um ihn rissen. Sie mussten sich ein Thema auf einem anderen Gebiet bei einem der anderen Professoren suchen. Obwohl auch sie zu den besten Italiens zählten, sahen die Diplomanden diese Alternative als eine Art Notnagel, fast schon als ein Scheitern an.

Warum genoss die theoretische Elementarteilchenphysik solches Ansehen? In Rom war das Erbe Enrico Fermis noch höchst lebendig, und es gab engste Verbindungen zum CERN bei Genf, dem größten Zentrum für Teilchenphysik Europas und vielleicht der Welt. Aber diese beiden Tatsachen genügten nicht. Die theoretische Elementarteilchenphysik war von einer Aura des Mysteriums umgeben. Dass es Quarks gibt, ist uns inzwischen allen bekannt: Von zwei Gluonen als Klebstoff zusammengehalten, sind sie die Grundbausteine des Protons und des Neutrons. Dabei ermöglicht es eine Theorie – die Quantenchromodynamik –, ihre Eigenschaften zu berechnen.

Zur damaligen Zeit lag fast alles noch so gut wie im Dunkeln. Das Proton und das Neutron waren seit den Dreißigerjahren bekannt, worauf sich in den Fünfziger- und Sechzigerjahren herausstellte, dass es zahlreiche weitere Teilchen gab, die wegen ihrer extrem kurzen Lebensdauer nur schwer zu beobachten waren: Eine unüberschaubare Familie aus Teilchen, die heute Baryonen heißen. Von ihnen waren das Proton und das Neutron die einzigen, die nicht sofort zerfielen, weil sie die leichtesten waren. Weitere besondere Eigenschaften schienen das Proton und das Neutron nicht zu besitzen.

Dass eine ganze reichhaltige Familie aus ähnlichen Teilchen existierte und einige Arten von Zerfällen beobachtet wurden, andere aber nicht, deutete darauf hin, dass diese Teilchen aus Komponenten bestanden, die in unterschiedlichen Zusammensetzungen verschiedene Objekte ergaben. Die schier endlose Vielfalt der chemischen Substanzen ergab sich aus den Kombinationen von etwa hundert verschiedenen Atomen, die ihrerseits aus Kernen und Elektronen aufgebaut waren. Die Kerne setzten sich ebenfalls aus Protonen und Neutronen zusammen. Aber woraus bestanden dann diese?

Eine Antwort war keineswegs einfach, und klare Hinweise fehlten. Einen revolutionären Vorschlag brachte 1962 der Amerikaner Geoffrey Chew vor: die Bootstrap-Theorie. Der Ausdruck *bootstrap* taucht heute häufig im Fachjargon der Informatiker auf, zur Bezeichnung eines Verfahrens zum Hochfahren des Computers. Aber damals wurde er nur von ganz wenigen hochspezialisierten Technikern verwendet. *Bootstrap* bedeutet »Stiefelriemen«. Nach einer berühmten englischen Redensart kann man »sich nicht selbst an den Stiefelriemen aus dem Sumpf ziehen«. (Wer es noch nicht ausprobiert hat, überzeuge sich selbst.) Nach der Bootstrap-Theorie setzte sich jedes Teilchen irgendwie aus allen anderen Teilchen zusammen. Es herrschte eine »Demokratie« unter den Elementarteilchen, wonach keines fundamentaler war als die anderen. Die jahrtausendealte Suche nach den konstitutiven Elementen der Materie (einer der ersten Vorschläge lautete »Feuer«, »Wasser«, »Luft« und »Erde«) war an ihre Endstation gelangt. Es gab keine konstitutiven Elemente, sondern nur Beziehungen zwischen den verschiedenen Teilchen. Die Idee hatte durchschlagenden Erfolg. In *Das Tao der Physik*, im Original erschienen 1975 – als die »Bootstrap-Philosophie« schon wieder im Sterben lag –, führte Fritjof Capra sie auf fernöstliche Lehren zurück. Mir schien sie allerdings eher ein Nachhall des hegelschen Idealismus zu sein.

Eine Vielzahl an Denkschulen versuchte die gewaltige Datenfülle unter Nutzung verschiedenartiger Naturprinzipien zu ordnen, darunter alle möglichen Symmetrien, die Unmöglichkeit, Informationen mit einer höheren Geschwindigkeit als mit der des Lichts zu übertragen, und so weiter. Ihre Vertreter redeten wenig miteinander und hatten begrenzte Ziele: Der Bootstrap als der radikalste Vorschlag nahm sich vor, eine vollständige Theorie zu erstellen.

Ein kundiger Leser könnte sich fragen: Warum nicht eine Theorie nutzen, die auf Quarks beruht? Vorgeschlagen worden waren diese 1964 von Murray Gell-Mann und George Zweig, worauf im Abstand weniger Monate Oscar Greenberg die Farbe hinzugefügt hatte (jeder Typ Quark existiert in drei verschiedenen Farben). Quarks waren ursprünglich als eine mathematische Vereinfachung eingeführt worden, und da es trotz akkuratester experimenteller Forschungen niemandem gelang, sie zu beobachten, war ziemlich unwahrscheinlich, dass sie existierten. Es herrschte die sogenannte »Philosophie von Fasan und Kalb« vor, um das Bild zu bemühen, das Gell-Mann nach einer Diskussion mit Valentine Telegdi in einer berühmten Arbeit von 1963 erstmals verwendet hatte. Gell-Mann hatte das Quarkmodell genutzt, um eine Reihe von Gleichungen abzuleiten, die für ihn aber deutlich wichtiger waren als das Modell selbst. Das Quarkmodell war für ihn nur Mittel zum Zweck gewesen und durfte anschließend getrost vergessen werden. Die angewandte Methode entsprach einer der französischen Küche: Ein Stück Fasanenfleisch wird zwischen zwei Scheiben Kalbfleisch geklemmt gekocht, worauf das Kalbfleisch weggeworfen und nur der Fasan serviert wird. Selbst diejenigen, die das Quarkmodell ernst nahmen, konnten es nur mit sehr begrenztem Nutzen einsetzen.

Gegen Ende der Sechzigerjahre veränderten sich die Dinge allmählich: Neue experimentelle Daten wurden gewonnen und Verfeinerungen an der Theorie vorgenommen. Am Ende stellte sich heraus, dass es möglich war, die Ergebnisse aus den Experimenten mit Hilfe der farbigen

Quarks und Gluonen zu erklären. Dieser Standpunkt setzte sich endgültig mit der »Novemberrevolution« von 1974 durch, als das Psion und seine seltsamen Eigenschaften die Waage endgültig zugunsten der uns heute bekannten Theorie neigten.

Aber wie endete die Bootstrap-Theorie?

Das Weizmann-Institut für Wissenschaften, eine israelische Forschungseinrichtung, gehört zu den bedeutendsten der Welt. Dort leitete der geniale Argentinier Hector Rubinstein ein starkes Team aus Physikern: Unter seiner Regie nahmen Miguel Virasoro, Gabriele Veneziano, Marco Ademollo und Adam Schwimmer eine lange Serie von Studien zur Teilchenphysik in Angriff, aus denen die Stringtheorie hervorging. Auch wenn Veneziano mit dem ersten Modell eines offenen Strings von 1968 den grundlegenden Schritt dazu vollzog, waren die vorangegangenen Studien von größter Bedeutung gewesen. Sie stellten den konzeptionellen Rahmen bereit, innerhalb dessen Venezianos Modell gedanklich errichtet werden konnte. Angeregt von dessen Arbeit, erweiterte Virasoro die Theorie wenige Monate später und führte das Modell der geschlossenen Strings ein. Diese eindrucksvollen Ergebnisse stießen auf gewaltiges Interesse. Wie sich daraufhin herausstellte, waren solche Formeln unter dem Postulat ableitbar, dass Materie aus einem String (einer elastischen Saite) bestehe und die verschiedenen Teilchen seinen Schwingungen entsprächen. Leider waren die Eigenschaften der Strings nicht so beschaffen, dass sie die beobachteten Teilchen direkt beschrieben.

Im Jahr 1974 entdeckten Joël Scherk und John Schwarz, dass sich die Stringtheorie als Ausgangspunkt nutzen ließ, um die Schwerkraft in Begriffen von Quanten zu beschreiben, auch wenn zahlreiche Einzelheiten bis heute unklar sind. Paradoxerweise hatte die Bootstrap-Philosophie, die die elementaren Bestandteile der Materie beseitigen wollte, Geburtshilfe für eine neue Theorie geleistet, nach der sich alles im Universum Existierende (die Materie, das Licht und die Gravitationswellen) aus Strings zusammensetzt.

Ideen sind oft wie ein Bumerang: Sie fliegen in eine Richtung und landen anderswo. Aus interessanten und ungewöhnlichen Ergebnissen können sich Anwendungen in völlig unvorhersehbaren Bereichen ergeben.

Heutzutage haben wir ein gutes Verständnis der Eigenschaften des Protons und der anderen Teilchen. Was aber die Quantengravitation betrifft, so befinden wir uns in einer Lage, die an die Zeit von vor 50 Jahren erinnert. Verschiedene Denkschulen existieren: die Stringtheorie, die Schleifenquantengravitation und so weiter. Aber ist eine die richtige? Oder müssen wir auf eine neue Idee für die Theorie oder auf ein Experiment warten, das unerwartete Ergebnisse bringt? Welche Form bekommt die endgültige Theorie? Schwer zu sagen: Wir können uns noch so sehr anstrengen, um die Zukunft vorherzusehen, sie wird uns überraschen.

Phasenübergänge oder die kollektiven Phänomene

> Wasser siedet, und Wasser gefriert: Beides sind höchst merkwürdige Ereignisse. Wir sehen eine Substanz, die plötzlich eine andere Form annimmt, nur weil sich die Temperatur geringfügig verändert hat. Hier liegt eine kollektive Wandlung vor: Es ist nicht das einzelne Atom, nicht das einzelne Wassermolekül, das zu Eis erstarrt oder siedet.

Phasenübergänge sind Phänomene der »Alltagsphysik«. Wir haben uns so sehr an sie gewöhnt, dass wir kein Aufheben um sie machen. Aber für einen Physiker ist ihr Verständnis hochinteressant. Deswegen habe ich zu Beginn der Siebzigerjahre ein gewisses Augenmerk darauf verwendet, einige Arten von Phasenübergängen zu erforschen, die bis zu den Jahren 1971 und 1972 noch ein ungelöstes Problem waren.

Wie wir alle wissen, beginnt Wasser bei einer Temperatur von 100 Grad Celsius zu sieden. Dabei geht es von der flüssigen in die gasförmige Phase über, während es bei 0 Grad Celsius von der flüssigen in die feste eintritt, also zu Eis erstarrt.

Den Physikern stellen sich zahllose Fragen, wenn sie diese »normalen« Phänomene beobachten: Warum finden solche Übergänge statt? Warum genau bei diesen Temperaturen? Treten sie bei allen Materialien auf analoge Weise ein? Dazu kommen viele weitere Fragen, auf die sich nur schwer Antworten finden.

Im ersten Jahrzehnt des 20. Jahrhunderts begannen Physiker experimentelle Nachweise für die Existenz von Atomen und Molekülen als konstitutive »Bausteine« der Materie zu finden. Entsprechend versuchten sie, makroskopische Erscheinungen wie etwa das Gefrieren von Wasser als Phänomene zu interpretieren, die vom kollektiven Verhalten dieser winzigsten Materieeinheiten herrührten.

Aus mikroskopischer Sicht sind Phasenübergänge deutlich schwieriger zu beschreiben und bilden ein Problem, das sich in verschiedener Form immer wieder stellt. Wir haben zunächst die einfachsten Fälle gelöst und nach und nach unsere Instrumente verfeinert, so dass wir weitere Fälle lösen konnten.

Um Phasenübergänge auf mikroskopischer Ebene zu erforschen, müssen wir nachvollziehen, wie sich »Objekte«, also Atome, Moleküle oder winzige Magneten in einer Vielzahl verhalten: alles »elementare Dinge«, die wir – in einem allgemeineren Zusammenhang als dem der traditionellen Physik – »Akteure« nennen können. Diese wechselwirken miteinander, indem sie Informationen austauschen und je nach den erhaltenen Informationen ihr Verhalten verändern.

»Informationen austauschen« hat in der Physik die gleiche Bedeutung wie »Kräften unterliegen«. Da sich dieses Modell auf viele Forschungsfelder – von der Physik über die Biologie bis zur Ökonomie und so weiter – übertragen lässt, haben wir es mit einer Vielzahl an Objekten zu tun, deren Verhalten von dem anderer Objekte abhängt, die sich in mehr oder weniger großer Nähe zu ihnen befinden: Normalerweise sind sie nicht allzu weit entfernt, weil sie sonst keine Informationen austauschen können.

Die physikalischen Größen, die wir, wie die Wassertemperatur, auf makroskopischer Ebene messen können, hängen vom Verhalten der mikroskopischen Akteure ab, zum Beispiel von der Geschwindigkeit der für uns unsichtbaren Moleküle.

Stellen wir uns vor, wir würden Wasser durch ein höchstauflösendes Mikroskop betrachten. Wir sähen Moleküle in Form einer leicht gebogenen Hantel, die sich bewegen, sich wechselseitig anziehen, sich drehen, voneinander wegstreben und dabei rasant vibrieren. Das ist die Beschreibung für flüssiges Wasser auf molekularer Ebene. Schauen wir uns Wasser dagegen mit bloßem Auge an, sehen wir eine Flüssigkeit, die bei einer bestimmten Temperatur zu Eis erstarrt und bei einer anderen zu Gas verdampft. Wie man vom Verhalten der einzelnen Atome zum gesamtheitlichen Verhalten des Systems gelangt, ist ein Problem, das erst nach einiger Zeit erklärt werden konnte.

Phasenübergänge erster Ordnung

Wer Phasenübergänge untersucht, interessiert sich weniger für die Temperatur und den Druck, bei denen sich ein Zustand in einer bestimmten Weise verändert, sondern vielmehr für den dahinterstehenden Wirkmechanismus. Warum tritt das Phänomen beispielsweise im gesamten System gleichzeitig an einem so spezifischen »Punkt« ein?

Was verändert sich bei 100 Grad Celsius? Warum stellen wir keine Veränderung fest, wenn wir Systeme bei einer Temperatur beobachten, die nur ein Grad unter der kritischen liegt? Und warum genügt ein Grad mehr, um eine schlagartige Veränderung im makroskopischen Verhalten herbeizuführen?

Die Lösung dieses Problems ist auf konzeptioneller Ebene alles andere als einfach. Deswegen fragten sich viele Physiker in den Dreißigerjahren, ob die normalen Regeln der Physik und insbesondere der statistischen Mechanik ausreichen würden, um Phasenübergänge zu erklären.

Die Lösung wurde in den Vierziger- und Fünfzigerjahren entwickelt, ebenfalls ausgehend von einer ziemlich allgemeinen Idee in der Physik: der Energieminimierung. In der Natur strebt ein frei beweglicher Körper immer die Position mit der geringstmöglichen Energie an, bis er einen Gleichgewichtspunkt erreicht. So rollt zum Beispiel ein Ball in einer Kuhle bis in deren tiefsten Punkt hinab. Die Lage ganz unten stellt die Position eines stabilen Gleichgewichts dar, die der Ball nicht verlässt, bis ihn irgendetwas aus ihr herausholt.

Ähnliches geschieht mit Eis, das sich unterhalb der Temperatur von 0 Grad Celsius in einem stabilen Gleichgewicht (im Festzustand) befindet, das einem Minimumpunkt seiner freien Energie entspricht. Steigt die Temperatur, geraten die Moleküle, die in der starren Phase im Kristallgitter festgelegte Positionen besetzten, in Schwingung, bis sie ihre Positionen schließlich verlieren und sich frei bewegen. Das Wasser tritt in die flüssige Phase ein, die ebenfalls ein stabiles Gleichgewicht darstellt und einem anderen Minimumpunkt seiner freien Energie entspricht.

Wenn man Wasser Wärme zuführt, ist das ungefähr so, als stoße man einen Ball an: Solange die Stöße mit geringer Kraft ausgeführt werden, bewegt sich der Ball zwar, hat aber nicht ausreichend Energie, um eine Senke zu verlassen. Bei stärkeren Stößen erhält er ausreichend Schwung, um herauszukommen und sich so lange zu bewegen, bis er eine andere Gleichgewichtsposition gefunden hat.

So bewegen sich die Wassermoleküle, die in dem Kristallgitter sitzen, das die feste Phase kennzeichnet, mit steigender Temperatur immer heftiger, bis bei 0 Grad Celsius die Bindungen, die sie zusammenhalten, aufzubrechen beginnen. Wird in dieser Phase weitere Wärme zugeführt, steigt die Temperatur des Wassers nicht mehr: Stattdessen bricht die zugeführte Energie im System solange weitere Bindungen zwischen den Molekülen auf, bis alles Eis zu Wasser zerschmolzen ist und in der flüssigen Phase seine neue Position des stabilen Gleichgewichts findet.

Solche Phasenübergänge, die der sogenannten ersten Ordnung, sind durch zwei wichtige Phänomene gekennzeichnet.

Zunächst einmal weist das System in der Nähe des kritischen Punktes keinerlei mikroskopische Eigenschaft auf, die auf seine unmittelbare Veränderung hindeutet. Wasser bei 0,5 Grad Celsius lässt durch keinerlei Anzeichen erkennen, dass es zu gefrieren beginnt, wenn die Temperatur nochmals um ein halbes Grad abgesenkt wird. Nähert sich das System dem kritischen Wert, bilden sich weder Eisinseln im Wasser noch Wasserinseln im Eis.

Das zweite kennzeichnende Phänomen ist die *latente Wärme*, die Menge an thermischer Energie, die aufgewendet wird, um die Molekülbindungen aufzubrechen, ohne die Temperatur des Systems zu erhöhen. Wärme, die wir Eis bei 0 Grad Celsius zuführen, dient dazu, solange Bindungen aufzubrechen, bis das gesamte Eis geschmolzen ist. Diese Menge an Wärme, die wir dem System zuführen müssen, damit es seinen Zustand verändert, heißt latente Wärme.

Diese Phasenübergänge lassen sich mitunter als Übergänge von einem geordneten in einen ungeordneten Zustand des Systems beschreiben. In der festen Phase besetzen die Moleküle nämlich genau festgelegte Punkte im Kristallgitter und befinden sich folglich in einer geordneten Phase. In der flüssigen können sich die Moleküle dagegen frei bewegen, so dass der mikroskopische Zustand deutlich ungeordneter erscheint als der in der vorangegangenen Phase.

Phasenübergänge zweiter Ordnung

Nicht alle Materialien verhalten sich wie Wasser. Andere Phasenübergänge finden ohne latente Wärme statt, also ohne dass bei Erreichen der kritischen Temperatur eine gewisse Menge an Wärme zugeführt werden muss, damit das System von einem in den anderen Zustand übergeht.

In solchen Fällen tritt der Übergang, vorsichtig gesagt, kontinuierlich ein, während man sich der kritischen Temperatur nähert. Dies sind die sogenannten Phasenübergänge zweiter Ordnung.

Dazu ein Beispiel: Ein Magnet, der bei Zimmertemperatur Eisen anzieht, verliert mit steigernder Wärmeenergie seine Magnetisierung. Fachsprachlich gesagt, geht er von einer ferromagnetischen (magnetischen) in eine paramagnetische (nicht magnetische) Phase über.

Veranschaulichen wir uns, was im Inneren des Systems abläuft. Wir können uns das Magnetfeld dieses Körpers bildhaft als einen räumlich ausgerichteten Pfeil vorstellen, ganz entsprechend einer Kompassnadel mit einer nach Norden zeigenden Pfeilspitze.

Dieses makroskopische Magnetfeld wird von der Summe der gewaltigen Anzahl der elementaren Magnetfelder jedes Teilchens im System, den sogenannten *Spins*, erzeugt. Im Inneren des Magneten sorgen die Wechselwirkungen der Spins dafür, dass diese sich gleichförmig ausrichten: Eine gigantische Anzahl winziger Pfeile zeigt in die gleiche Richtung.

Auch bei der Magnetisierung vollzieht sich der Phasenübergang mit dem Anstieg der Temperatur. Die dem Magneten zugeführte Wärme ruft nämlich eine Zunahme der Bewegungen der Spins hervor, die ihre Ausrichtung verändern können. Sie werden dazu neigen, durcheinander zu geraten und ihre gleichförmige Orientierung zu verlieren. Eben die Ausrichtung der Spins erzeugt das makroskopische Magnetfeld, das mit steigender Temperatur schwächer wird und schließlich verschwindet.

Auch dieser Phasenübergang lässt sich als die Veränderung eines Systems beschreiben, das aus einer stärker geordneten in eine weniger stark geordnete Phase eintritt.

Um diese Überlegung zu verdeutlichen, ist das Modell hilfreich, das der Doktorand Ernst Ising 1924 in seiner Promotionsarbeit vorgeschlagen hat. Es ist wohl das erste von Physikern ersonnene Modell, das durch eine maximal vereinfachte Beschreibung zum Verständnis der Realität bei-

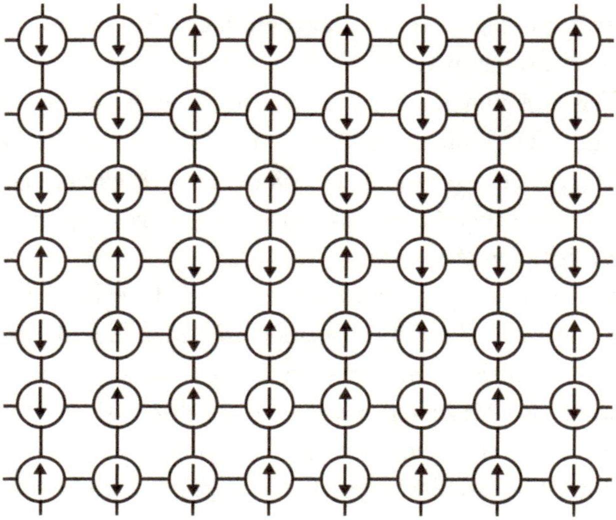

Abbildung 1: Ein Ising-Gitter

tragen soll. In ihm können Spins nur zwei Ausrichtungen einnehmen: nach oben oder nach unten wie in Abbildung 1. Alle anderen Ausrichtungen sind unzulässig.

Zwischen den Spins wirkt eine Kraft, die sie eine einheitliche Ausrichtung (alle nach oben oder nach unten) anstreben lässt, während die thermische Bewegung dem entgegenwirkt und dafür sorgt, dass manche in die Gegenrichtung zu den anderen kippen.

In der ferromagnetischen Phase sind die Spins mehrheitlich gleichgerichtet (geordnete Phase), während die paramagnetische so beschrieben wird, dass – nach dem Zufallsprinzip verteilt – 50 Prozent der Spins nach oben und 50 Prozent nach unten zeigen.

Das System lässt sich auch mit den Begriffen der Symmetrie beschreiben. Wenn ein Übergang die Eigenschaften des Systems nicht verändert, können wir sagen, dass eine Symmetrie des Systems vorliegt.

Nehmen wir zum Beispiel den Übergang »Umkehr sämtlicher Spins«. Angewandt auf die ungeordnete oder paramagnetische Phase, verändert sich nichts. Immer noch zeigen 50 Prozent nach oben und 50 Prozent nach unten, immer noch zufällig verteilt: Es handelt sich also um eine Symmetrie des Systems.

Unterhalb der kritischen Temperatur, wenn die Mehrheit der Spins in eine Richtung zeigt (wie in Abbildung 2a, in der die meisten Punkte grau gesetzt sind), führt die Umkehr ihrer Ausrichtung dagegen zu einer Polumkehr des erzeugten makroskopischen Magnetfeldes, das damit das Vorzeichen

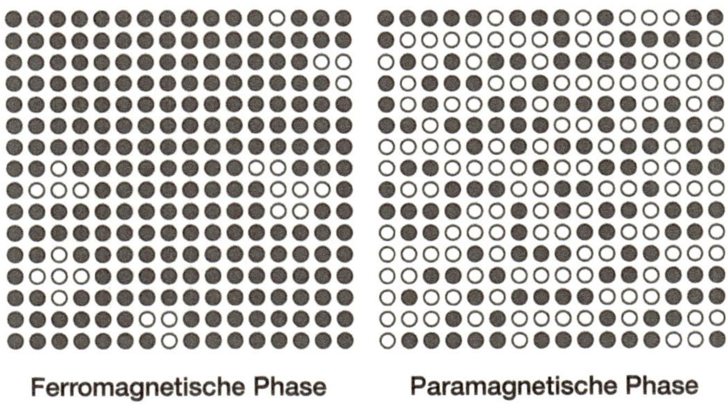

Abbildung 2. Die Phasen des Ising-Modells. Grau zeigt an, dass die Spins nach unten ausgerichtet sind, während Weiß eine Ausrichtung nach oben bezeichnet. In der ferromagnetischen Phase sind kleine Inseln aus Spins zu sehen, die nach oben zeigen (weiß), während die anderen, die der Mehrheit entsprechen (grau), nach unten zeigen. In der paramagnetischen Phase zeigen die Spins in einer zufälligen Verteilung zur Hälfte nach oben und zur Hälfte nach unten.

wechselt. (Die Mehrheit der Punkte werden weiß.) Für die geordnete oder ferromagnetische Phase ist die Spinumkehr also nicht invariant, da sie das Magnetfeld umkehrt.

Hier hat eine sogenannte »spontane Symmetriebrechung« zwischen den beiden Phasen stattgefunden: Eine in der paramagnetischen Phase existierende Symmetrie (Spinumkehr) ist nach diesem Phasenübergang nicht mehr vorhanden, wenn sich das System in der ferromagnetischen Phase befindet. Diese Symmetrie ist spontan, ohne Einwirkung äußerer Phänomene, gebrochen.

Magnetische Übergänge gehören zur Klasse der Phasenübergänge zweiter Ordnung, die durch einen Parameter, in diesem Fall die Magnetisierung, gekennzeichnet sind, der »Ordnungsparameter« genannt wird. Er beschreibt den Zustand während des Übergangs von einer geordneten in eine ungeordnete Phase des Systems.

Auf den ersten Blick erscheint das magnetische System einfacher als Systeme wie Wasser, die wir weiter oben betrachtet haben, da es nicht diskontinuierlich verläuft. Aber der Teufel steckt im Detail, und die Details erweisen sich bei Übergängen zweiter Ordnung als deutlich komplizierter.

Nehmen wir einen Magneten, der so stark erhitzt ist, dass er keinerlei Magnetisierung mehr zeigt. Bringen wir ihn in ein Magnetfeld und lassen ihn langsam auskühlen: Wie wir feststellen, magnetisiert sich das System immer leichter, je stärker wir uns der kritischen Temperatur nähern. Sobald wir sie erreicht haben, findet der Übergang statt. Der Magnet erhält eine eigene Magnetisierung, ohne auf ein äußeres Magnetfeld angewiesen zu sein.

In seinem Inneren bilden sich immer größere ferromag-

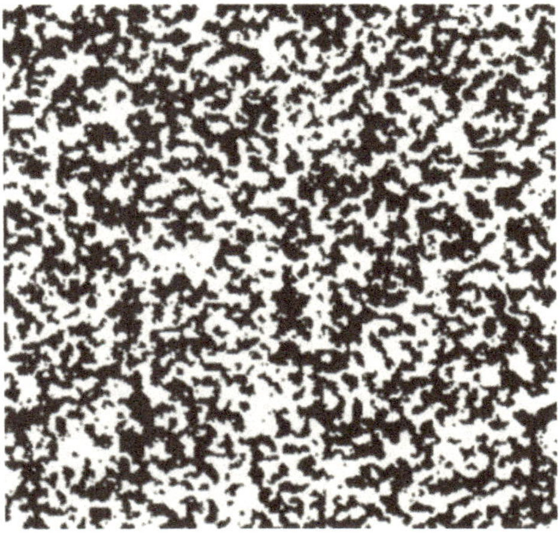

Abbildung 3. Modell eines Magneten bei der kritischen Temperatur. Beim Auskühlen bilden sich ferromagnetische Strukturen, die sich zunehmend ausweiten.

netische Inseln. Dieser Zustand der Koexistenz beider Phasen (schematisch in Abbildung 3 dargestellt) erweist sich bei einer Untersuchung als ziemlich kompliziert.

Die Universalitätsklassen

Die experimentellen Physiker haben etwas Interessantes gemessen: Das Verhalten eines magnetischen Systems hängt nicht sehr stark vom Verhalten der jeweiligen elementaren Objekte ab, aus denen es besteht.

Betrachtet man extrem unterschiedliche magnetische Substanzen, in denen die mikroskopischen Bestandteile auf verschiedene Art miteinander wechselwirken und die auf Quantenebene unterschiedlich beschrieben werden, dann stellt man fest: Die Magnetisierung strebt in der Nähe der kritischen Temperatur immer im gleichen Verlauf gegen Null. Diesen Verlauf beschreibt mathematisch eine Potenzfunktion, die für eine ganze Klasse von magnetischen, untereinander auch ganz unterschiedlichen Substanzen, im Exponenten immer den gleichen mit Beta (β) benannten Zahlenparameter aufweist.

Das ist so, als würden beim Großen Preis der Formel 1 sämtliche Piloten während des Rennens nach eigenem Gusto fahren, in der letzten Runde dann aber ihre Geschwindigkeit in gleicher Weise verringern, um auf der Ziellinie anzuhalten.

Diese Entdeckung kam ganz überraschend: Trotz völlig verschiedener mikroskopischer Details zeigten sich die Substanzen in ihrem kollektiven Verhalten einheitlich. Leo Kadanoff hat dieses Ergebnis formalisiert und den Begriff *Universalitätsklassen* geprägt, in die sich Phänomene der Phasenübergänge einteilen lassen. Phänomene mit dem gleichen Wert des Beta-Exponenten gehören derselben Klasse an.

Dies erinnert an die platonische Sichtweise der Natur: Man könnte sagen, dass es eine relativ kleine Anzahl an Universalitätsklassen kritischer Verhaltensweisen gibt und dass jedes reale System sich auf eine von ihnen (also auf eine Idee, um Platons Terminologie zu gebrauchen) zurückführen lässt.

Die Unterteilung der Klassen hängt von den Freiheitsgraden der elementaren Bestandteile des Systems ab. Unterschiedliche Freiheitsgrade liegen beispielsweise vor, wenn sich Spins entweder in allen drei Dimensionen des Raumes oder nur auf einer Ebene bewegen oder sich nur drehen können: Kurzum, die Freiheitsgrade hängen von den Bewegungsmöglichkeiten der elementaren Bestandteile der Materie ab, die wir untersuchen. Und allein auf diesen Freiheitsgraden beruht der Wert der reinen Zahl Beta.

Zu Beginn der Siebzigerjahre galt dieses Problem – ein konkretes Beispiel werden wir in Kürze betrachten – zu Recht als interessant. Es sah so aus, als stünden sämtliche Instrumente zu seiner Lösung bereit, wenn der geeignete Formalismus gefunden würde, um die kritischen Exponenten zu berechnen. Also machte ich mich bei den Phasenübergängen mit der Überzeugung an die Arbeit, in kurzer Zeit zu einer Lösung zu gelangen, um mich anschließend wieder den schwieriger erscheinenden ungelösten Problemen der Elementarteilchen zuzuwenden.

Die Skaleninvarianz

Im Wesentlichen ging es darum, Systeme zu untersuchen, in denen die magnetischen Wechselwirkungen zwischen den Spins stark ausgeprägt waren. Die Wechselwirkungen auf mikroskopischer Ebene waren bekannt. Es musste ein Formalismus gefunden werden, mit dem es von der bekannten mikroskopischen Beschreibung ausgehend gelingen würde, das System auf einer Zwischenebene zu beschreiben, auf der die mikroskopischen Details nicht mehr auftauchten, da das Verhalten der Magnetisierung von ihnen nicht abhängt. Auf der Zwischenebene, also auf der *mesoskopischen* Ebene, werden Fluktuationen des Systems ins Visier genommen: mehr oder weniger zahlreiche Gruppen von Atomen, die von einer in eine andere Phase wechseln.

Die Entwicklung des Systems lässt sich anhand der Untersuchung dieser Fluktuationen und ihrer Wechselwirkungen untereinander analysieren. Wie wir gleich sehen werden, sind diese Fluktuationen unabhängig von der Skala, die wir zur Analyse des Systems heranziehen.

Um den Ursprung des mesoskopischen Verhaltens im Einzelnen nachzuvollziehen, war schon viel Arbeit geleistet worden, zum Beispiel von Giovanni Jona-Lasinio und Carlo De Castro. Zwei grundlegende Schritte nach vorn hatte Kenneth Wilson getan. Er legte 1971 und 1972 in einigen Artikeln dar, wie sich ein Formalismus aufbauen ließ, der eine Berechnung der kritischen Exponenten ermöglichen würde. Und dieser Formalismus, die sogenannte »Renormierungsgruppe«, brachte ihm 1982 den Nobelpreis ein.

Die Renormierungsgruppe

Um zu verstehen, warum die von Wilson vorgeschlagene Technik zum Umgang mit Phasenübergängen zweiter Ordnung diese Bezeichnung erhielt, muss man eine allgemeine Vorstellung davon bekommen, welche Vorgehensweise er nutzte.

Die Beschreibung des Systems auf der Zwischenebene ist eine invariante Beschreibung für eine Skalentransformation: Das Ergebnis unserer Beobachtung hängt also nicht davon ab, in welcher Größe wir uns das System anschauen.

Betrachten wir Abbildung 4.

Das Bild rechts zeigt die Vergrößerung des quadratischen Ausschnitts im Bild links: Wie die Abbildung verdeutlicht, ist das System nicht zu unterscheiden, wenn sich die Be-

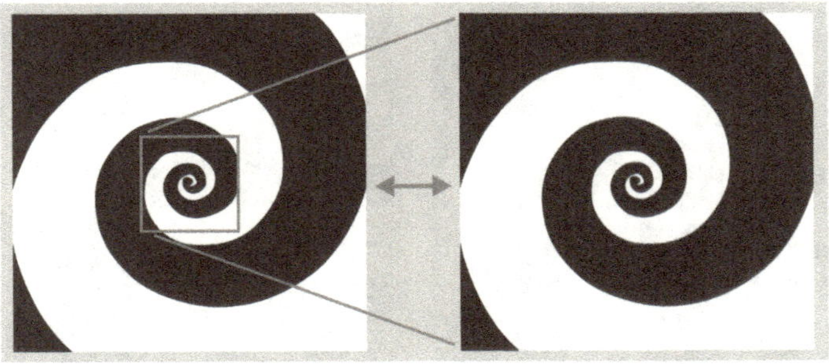

Abbildung 4. Die Skaleninvarianz für eine fraktale Figur.

obachtungsskala oder, wenn man so will, die Zoomstärke verändert, mit der wir es betrachten.

Zurück zu unserem schematischen System in Abbildung 3. Seine Fluktuationen verhalten sich im Wesentlichen auf die gleiche Weise, abgesehen von einem Skalierungsfaktor: Aus je »größerer Entfernung« ich das System betrachte (wir können uns vorstellen, ein Weitwinkelobjektiv zu benutzen), desto kleiner erscheinen die Fluktuationen, und je stärker ich mich annähere, desto größer sehe ich sie.

Die schon von Kadanoff eingeführte Idee besteht darin, das System in einzelne Quadrate zu unterteilen, die eine bestimmte Anzahl von Spins enthalten. Schauen wir auf Abbildung 5a: Jedes Quadrat mit einer Abmessung von 3 × 3 umfasst 9 Spins. In einem nächsten Schritt wird gezählt, wie viele von ihnen nach oben (die schwarzen) bzw. nach unten (die weißen) zeigen. Das 3 × 3-Quadrat ganz oben links enthält 6 schwarze und 3 weiße Quadrate. Die Mehrheit ist also schwarz. Diesen errechneten Wert nutzen wir im Bild rechts (Abbildung 5b) so, als handele es sich um eine Ein-

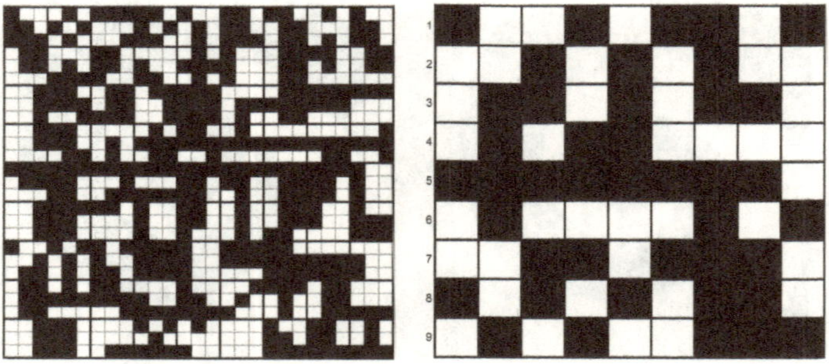

Abbildung 5. Abbildung 5b wurde konstruiert, indem Gruppen von 3×3 Quadraten aus Abbildung 5a einzeln betrachtet wurden und das entsprechende Quadrat in Abbildung 5b schwarz – oder im entgegengesetzten Fall weiß – eingefärbt wurde, wenn die Mehrheit der 9 Ausgangsquadrate schwarz war.

heit, einen einzigen Spin. Für die Abbildung 5b ergibt sich daraus ganz oben links ein schwarzes Quadrat. Die Farbe eines jeden Quadrates in Abbildung 5b richtet sich nach der der Mehrheit der 9 Spins in der Ausgangsgruppe.

Wir nutzen also einen ähnlichen Mechanismus wie den, der bei US-Präsidentschaftswahlen zum Einsatz kommt: Der Kandidat, der die meisten Stimmen in einem Bundesstaat erhält, erhält sämtliche von diesem gestellten Wahlmänner.

Immer wenn wir diese Operation durchführen, wechseln wir faktisch die Skala und verringern die zu berücksichtigende Anzahl an Variablen. (Aus den neun Spin oben links in Abbildung 5a ist ein einziger im ersten Quadrat in Abbildung 5b geworden.)

Die neue Darstellung (auf der höheren Skala) bildet das System immer noch gut ab: Wir betrachten es nur »in einer gröberen Körnung«. Wilsons Technik ermöglichte es, von einer Skala zur nächsten überzugehen: Daher die Bezeichnung »Renormierung«.

Und so hatten zu Anfang der Siebzigerjahre auch die Phasenübergänge der Magnetsysteme eine geeignete Beschreibung gefunden. Und ich wandte mich wieder der Elementarteilchenphysik zu.

Spin-Gläser: die Einführung der Unordnung

Ein Großteil der künstlichen Intelligenz, die in den verbreitetsten Anwendungen des Internets steckt, basiert auf der Theorie der Spin-Gläser und der neuronalen Netze.

Das beste Werk eines Forscherlebens ergibt sich zuweilen durch Zufall: Man begegnet ihm auf einem Weg, dem man folgt und der eigentlich irgendwo anders hinführt. So erging es mir. Was als mein bester Beitrag zur Physik gilt, nämlich die Theorie der Spin-Gläser, nahm seinen Anfang, als ich mich mit einem Problem der Elementarteilchen auseinandersetzte.

Das geeignetste Mittel zu dessen Lösung schien der Replika-Trick zu sein, eine mathematische Technik, die ich damals noch nicht kannte. Ich beschaffte mir die gesamte verfügbare Literatur zum Thema und las mich ein. Bei dieser mathematischen Methode nimmt man ein System, repliziert es mehrfach und vergleicht dann das Verhalten der verschiedenen Replikas miteinander. Sie erschien zur Lösung meines Problems gut geeignet, führte aber in einem der in der Literatur beschriebenen Fälle – für mich unverständlich – zu völlig inkohärenten Ergebnissen.

Ein neues, also per Definition unklares Problem mit einem Instrument in Angriff zu nehmen, das vielleicht gar nicht taugte, war ziemlich sinnlos. Das ist so, als würde man einen Kompass mit einer Nadel benutzen, die anstatt nach Norden immer wieder nach Süden zeigt, ohne dass man weiß, wann und warum.

Ich beschloss folglich herauszufinden, wie zuverlässig das Instrument ist.

Kurz vor Weihnachten 1978 – damals forschte ich in Frascati – fotokopierte ich den Artikel, der den Fall beschrieb, in dem der Replika-Trick zu unzuverlässigen Ergebnissen führte, und nahm ihn in die Ferien mit.

Der Artikel behandelte Probleme im Zusammenhang mit ungeordneten Systemen und Spin-Gläsern, Themen, die weit außerhalb meines damaligen Forschungsgebiets lagen und mit denen ich mich noch nie befasst hatte. Andererseits musste ich unbedingt verstehen, warum die Methode im betreffenden Fall versagte. Ich untersuchte das Modell und ging alle Berechnungen nochmals durch: Sie waren richtig, führten aber zu einem widersinnigen Ergebnis. Die Sache war es wert, ihr auf den Grund zu gehen.

Nach meiner Rückkehr aus den Ferien stieß ich auf einige Beiträge, die Fortschritte präsentierten, so dass die Lösung anscheinend zum Greifen nahe war. Ausgehend von denen, die am weitesten gekommen waren, glaubte ich, das Problem leicht knacken zu können, aber je mehr ich an der Lösung arbeitete, desto schwieriger erschien sie.

Während sich einige Ergebnisse konsistent zeigten, wichen andere von den Werten der numerischen Simulationen ab – ein Hinweis darauf, dass die Lösung noch in weiter Ferne lag. Wahrscheinlich brauchte es einen radikalen Wechsel in der Sichtweise.

Ohne es zu bemerken, hatte ich mich auf ein neues Forschungsgebiet begeben. Ich dachte nicht mehr an das Problem der Elementarteilchen, von dem ich ausgegangen war. Jetzt galt mein Interesse etwas ganz anderem.

Die Spin-Gläser

Spin-Gläser sind Metalllegierungen, die deshalb so heißen, weil sich ihr magnetischer Phasenübergang, der aus dem Verhalten der Spins seiner Teilchen hervorgeht, wie der Phasenübergang von Glas verhält.

Diese Legierungen bestehen aus Edelmetallen wie Gold oder Silber mit einem kleinen Anteil aus Eisen. Bei hohen Temperaturen verhalten sie sich wie gewöhnliche magnetische Systeme. Aber sobald ihre Temperatur unter einen bestimmten Wert fällt, zeigen sie ein Verhalten ähnlich wie Glas, Wachs oder Bitumen: Die Veränderungen erfolgen immer langsamer, als wolle das System nie einen Gleichgewichtszustand erreichen.

In der Schule haben wir gelernt, dass eine Flüssigkeit ein Material ist, das die Form des Festkörpers annimmt, in den sie hineingeschüttet wird. Glas wird bei einer hohen Temperatur bekanntlich zu einer Flüssigkeit, zeigt dann aber offensichtlich auch ungewöhnliche Eigenschaften. Wenn wir zum Beispiel einen Behälter mit flüssigem Glas (oder Honig oder Wachs) in die Hand nehmen und ihn umdrehen, ergießt sich die Flüssigkeit nicht sofort über den Boden, sondern »fließt« langsam aus. Je kälter das Glas wird, desto zäher wird es: Aus irgendeinem Grund verlangsamt sich die Veränderung im Verhalten des Systems sehr deutlich.

Die extrem starke Verzögerung in der Dynamik bei

sinkender Temperatur hat etwas mit dem Verhalten der Magnetisierung von Metalllegierungen gemein. Es ist, als verringerten sich mit der Temperatur auch die Bewegungsmöglichkeiten der Spins, so dass sie den Gleichgewichtszustand nicht erreichen können.

Kehren wir zum vormals genannten Beispiel eines Omnibusses zurück, der sich mit Fahrgästen füllt: Solange er noch relativ leer ist, kann sich ein Fahrgast, der von einem Punkt zum anderen gehen möchte, zwischen den anderen einen Durchgang verschaffen. Selbstverständlich bringt er dabei wie in einer Kettenreaktion weitere Personen in Bewegung. Alles klappt gut, solange ausreichend Platz ist, aber je größer das Gedränge wird und je dichter die Menschen beieinanderstehen, desto mehr schwindet der Raum zwischen den Personen. Das Vorankommen wird zusehends schwieriger, bis man schließlich feststeckt. Die Engländer sagen dazu *Traffic jam* (»Verkehrsstockung« oder »Stau«).

Das Phänomen war ausreichend allgemein (es betrifft Glas, Wachs, Honig, Pech, Metalllegierungen …), um Studierenden die Aufgabe zu stellen, seine Abläufe zu untersuchen. Die beste Herangehensweise bestand darin, zunächst ein einfaches Modell zu erstellen, das das Phänomen nachbildet. Damit ließen sich die wesentlichen Eigenschaften oder Wechselwirkungen ermitteln, die zu einer Verlangsamung der Dynamik bei einer Veränderung der Temperatur führen – Eigenschaften und Wechselwirkungen, die in Gläsern, Honig, Wachs, Bitumen oder einigen Metalllegierungen vorhanden sind, jedoch nicht in Wasser oder allgemein fast allen anderen Flüssigkeiten, die dieses Verhalten nicht zeigen.

Die Phasenübergänge dieser Materialien zu untersuchen, erweist sich auch in experimenteller Sicht als schwierig. Dazu möchte ich auf das Kuriosum eines einzigartigen Experiments hinweisen, das in Australien durchgeführt wird. Die Forscher beobachten einen Trichter mit einer kleinen Menge Pech, das bei Zimmertemperatur noch eine gewisse Viskosität aufweist (sich also noch bewegt), und messen die Häufigkeit, mit der sich Tropfen bilden. Seit dem Start 1927 sind bis 2014 ganze neun Tropfen herabgefallen. Auch wenn ich es seither nicht weiter verfolgt habe, ist jedenfalls nur schwer absehbar, bis wann wir ein interessantes Ergebnis bekommen …

Da diese Systeme komplex sind, ist es sicher die beste Idee, ein synthetisches Modell zu erstellen, das einfacher als die realen Verhältnisse ist und uns helfen kann, Lösungen zu finden.

Was ein Modell ist und worin sein Nutzen für den theoretischen Physiker besteht, können wir uns anhand des Brettspiels Monopoly klarmachen. Monopoly ist ein Modell der Gesellschaft, in dem nur wenige einfache Regeln gelten: die Lage und Kosten von Immobilien, Preise für den Bau von Gebäuden und die Höhe von Mieteinnahmen. Hinzu kommen die immer mitbestimmenden Zufallselemente unseres Lebens: das Würfeln fürs Weiterrücken sowie »Gemeinschafts-« und »Ereigniskarten«, mit denen man sich aus schwierigen Situationen befreien oder erst in sie hineingeraten kann.

Angesichts dieser einfachen Regeln kristallisiert sich nach kurzer Spielzeit ein Merkmal kapitalistischer Systeme heraus: Wer mehr Geld hat, wird immer reicher.

So ähnlich wie Monopoly nicht die gesamte Komplexität einer realen Gesellschaft abbildet, aber gleichwohl einige ihrer Merkmale erfasst, so beinhalten auch die von den Physikern erstellten Modelle nicht die volle Vielschichtigkeit realer Systeme. Aber wenn es uns gelingt, die maßgeblichen Regeln ins Modell einzubringen, können wir darauf hoffen, dass sie einige grundlegende Kennzeichen unseres zu untersuchenden Phänomens nachbilden.

Sobald das Modell erstellt und die Regeln integriert sind, die seine Funktionsweise beschreiben, darf sich das System entwickeln: Wir können unsere Partie Monopoly beginnen, also am Rechner die Phasenübergänge unseres Systems simulieren. Dazu erhöhen oder senken wir das, was wir als die Temperatur unseres synthetischen Modells definiert haben.

Das Modell wird im Verlauf seiner Entwicklung zu Ergebnissen führen wie »Wer mehr Geld hat, wird immer reicher« beim Monopoly oder wie der ferromagnetischen Phase, die beim Ising-Modell aus der Absenkung der Temperatur hervorgeht.

Dann beginnt die Arbeit, die Theorie, also die mathematische Struktur, weiterzuentwickeln, die die Ergebnisse der Simulationen reproduziert, ausgehend von den Regeln und den Anfangsdaten unseres synthetischen Modells. Das Experimentallabor besteht nicht mehr aus Magneten, Schaltkreisen, Öfen oder anderem in der Art: Jetzt wollen wir mit unserem Computer nicht mehr die Funktionsweise von Metalllegierungen, sondern die unseres Modells reproduzieren.

Ist uns das gelungen, beschäftigen wir uns in einem zweiten Schritt mit der Frage, inwieweit die gefundene Theorie auf reale Fälle tatsächlich in nützlicher Weise anwendbar ist: auf Metalllegierungen, Glas, Wachs und viele, sehr viele weitere Systeme.

Das Modell der Spin-Gläser

Im erwähnten Ising-Modell wirken zwischen den Spins Kräfte, durch die sie sich bei niederer Temperatur tendenziell gleichförmig, also alle entweder nach oben oder alle nach unten, ausrichten.

Dagegen wirkt im Modell der Spin-Gläser zwischen einigen Spins eine Kraft, die sie in eine entgegengesetzte Ausrichtung zwingt, und das macht die Situation komplizierter.

Dazu ein praktisches Beispiel: Im Leben müssen wir oft einsehen, dass unsere Ziele mit denen anderer häufig unvereinbar sind. In diesem Fall sind wir oft gezwungen, unsere Ziele nicht weiterzuverfolgen. Wenn ich Herrn Mayer und Herrn Schulze als Freunde gewinnen möchte, sie sich aber leider gegenseitig verabscheuen, kann ich zu beiden gleichzeitig nur schwerlich engen Kontakt halten. Noch komplizierter wird diese an sich schon frustrierende Situation, wenn gleich mehrere Individuen beteiligt sind.

Stellen wir uns folgende tragische Situation vor: Zwei Gruppen liegen miteinander im Clinch, und alle Beteiligten des Dramas müssen sich für eine Seite entscheiden. Obendrein hegt auch noch jeder jedem anderen gegenüber eine starke Sympathie oder Antipathie (wirklich eine Tragödie!). Zur Vereinfachung können wir annehmen, dass diese Gefühle jeweils auf Gegenseitigkeit beruhen. (Auch wenn inzwischen Methoden entwickelt wurden, die auch Situationen behandeln, in denen das nicht so ist.)

Nehmen wir drei Personen dieses Dramas, Anna, Beatrice und Carlo. Wenn sich alle drei sympathisch sind, gibt es keinerlei Problem: Sie wählen dieselbe Gruppe. Ebenso einfach ist die Lösung, wenn sich zwei sympathisch sind, beide die dritte Person nicht mögen und dies auf Gegenseitigkeit beruht. In dem Fall wird sich das traute Paar für die eine Gruppe und die übrig bleibende Person für die andere entscheiden. Was aber geschieht, wenn sich alle drei untereinander nicht mögen? Eine gewisse Frustration macht sich breit, weil zwangsläufig zwei Personen, die einander unsympathisch sind, in derselben Gruppe bleiben müssen.

Wenn viele solche Trios frustriert werden, stellt sich natürlich allmählich eine instabile Lage ein. Manche können die Gruppe wechseln in der Hoffnung, einen Zustand vorzufinden, in dem eine insgesamt geringere Frustration herrscht. Die »dramatische Spannung« können wir definieren als die Anzahl der frustrierten Trios, geteilt durch die Gesamtzahl der Trios.

Wie detaillierte Studien zeigten, ist in Shakespeares Tragödien die so definierte dramatische Spannung zu Beginn des Stücks ziemlich gering, erreicht ungefähr in der Mitte ihren Höhepunkt und fällt dann gegen Ende ab.

Im Schema des Spin-Glases in Abbildung 6 haben wir es nicht mehr mit Trios, sondern mit Spins zu tun, die in einem quadratischen Gitter sitzen. Jeder Spin kann sich nur nach oben oder nach unten ausrichten. (Jede andere Ausrichtung ist unzulässig.) Was wir zuvor als »sympathische Beziehung« definierten, können wir jetzt als »ferromagnetische Kopplung« bezeichnen: Diese ist eine Kraft,

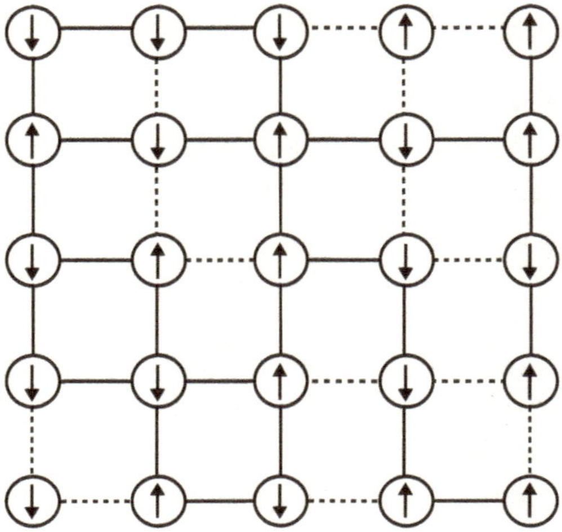

Abbildung 6: Schema eines Spin-Glases. Die Spins, die durch eine gestrichelte Linie miteinander verbunden sind, versuchen sich bei niedriger Temperatur in Gegenrichtung zueinander anzuordnen, während die durch eine durchgezogene Linie verbundenen eine gleiche Ausrichtung anstreben.

die danach strebt, die Spins gleichförmig auszurichten. In Abbildung 6 ist sie mit der durchgezogenen Linie markiert. Die »antipathische Beziehung« wird dagegen zur »antiferromagnetischen Kopplung«: Mit einer gestrichelten Linie wiedergegeben, stellt sie eine Kraft dar, die bewirkt, dass sich die Spins jeweils entgegengesetzt ausrichten. Auch in diesem Fall können wir uns leicht davon überzeugen, dass frustrierende Situationen entstehen. Schauen wir uns zum Beispiel Abbildung 7 an.

Der Spin oben links ist in diesem Fall mit dem unter ihm antiferromagnetisch und mit dem rechts neben ihm ferromagnetisch gekoppelt. Folglich kann er nur einen von bei-

den befriedigen und steckt im Dilemma, ob er sich nach oben oder nach unten ausrichten soll.
Die ersten Spinglasmodelle setzten Edwards und Anderson ein, aber das einfachste Modell wurde 1975 von Sherrington und Kirkpatrick konstruiert.

Wenden wir uns wieder meinem Problem zu: Wenn man den Replika-Trick anwandte, um die physikalischen Größen des Systems der Spin-Gläser im Sherrington-Kirkpatrick-Modell zu berechnen, gelangte man zu einer Reihe von Absurditäten. So kamen bei der Berechnung der Entropie beispielsweise negative Werte heraus – unmöglich, weil die Entropie in jedem physikalischen System per Definition eine positive Variable ist. Negative Ergebnisse bedeuten hier, dass entweder die Berechnungen falsch sind (das kann passieren, war hier aber nicht der Fall, wie wir alle überprüft hatten) oder dass irgendwo ein konzeptioneller Fehler vorliegt.

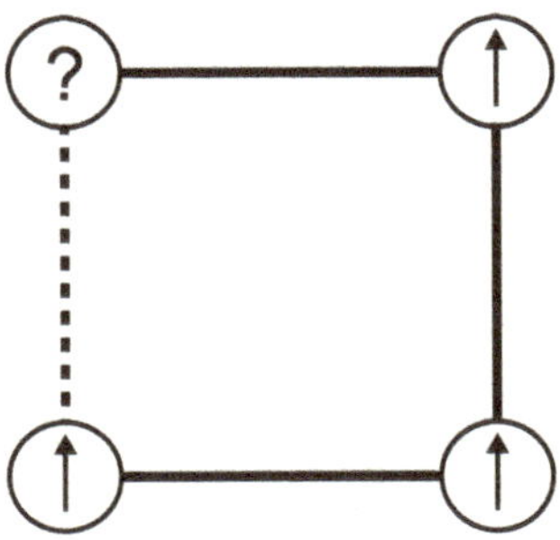

Abbildung 7: Die drei Kopplungen mit der durchgezogenen Linie sind ferromagnetisch, während die eine mit der gestrichelten Linie antiferromagnetisch ist.

Mir waren zu Anfang zwei konzeptionelle Fehler unterlaufen. Der erste, ein technischer, ist für Außenstehende nur schwer zu erklären. Aber er hatte jedenfalls mit irrigen mathematischen Annahmen zu tun.

Der andere, ein physikalischer Fehler, hatte darauf beruht, dass ich von den Merkmalen des Phänomens, das ich untersuchte, eigentlich gar keine Vorstellung hatte. (Und es sollte über drei Jahre dauern, bis ich die physikalische Bedeutung der mathematischen Lösung, die ich gefunden hatte, schließlich erkannte.)

In meinem ersten Artikel zum Thema aus dem Jahr 1979 zeigte ich, dass man das Problem mit Hilfe einer bestimmten Konstruktion teilweise lösen konnte. Am Ende fügte ich mit sportlicher Einstellung hinzu: »Diese Konstruktion lässt sich verallgemeinern, um zur vollständigen Lösung zu gelangen.«

Wie alle wissenschaftlichen Artikel wurde auch meiner vor Erscheinen einem *referee*, also einem Fachkollegen zugeschickt, der beurteilen konnte, ob er eine Veröffentlichung wert war. Sein Kommentar lautete sinngemäß: »Was Parisi da tut, ist völlig unverständlich. Aber weil die Gleichungen Ergebnisse im Einklang mit den numerischen Simulationen liefern, kann man die Arbeit auch veröffentlichen. Was die Verallgemeinerung des Ansatzes auf den komplizierteren Fall angeht, so ist dieser Teil das Papier nicht wert, auf dem er steht.« Der Artikel erschien, aber den Schlussteil habe ich gestrichen.

Jenseits der Anekdoten lautet die Wahrheit, dass ich tatsächlich nicht wusste, was ich da tat. Ich hatte ein paar

Regeln zum Umgang mit dem Problem gefunden, sie angewandt und am Ende einer Reihe von Schritten Gleichungen herausbekommen, die eine Bedeutung hatten, sich – was entscheidend war – mit den Daten der numerischen Simulationen deckten und für die Entropie einen positiven Wert lieferten.

Was allerdings »in der Mitte der Berechnungen« stattfand, blieb mir ein Rätsel: Es war wie das Eintauchen in einen Tunnel, aus dem man am anderen Ende plötzlich wieder herauskommt.

Der nachfolgende Artikel legte dar, dass die Übereinstimmung zwischen den Ergebnissen der Theorie und den Simulationen darauf hindeutete, dass die Theorie einen Sinn haben konnte. Aber welchen, blieb im Dunkeln.

Das physikalische Faktum, das ich nicht verstand, hatte mit dem zu tun, was die Physiker Ordnungsparameter nennen. Wie wir gesehen haben, sind Zustandsübergänge in einem System allgemein durch die Variation eines Parameters gekennzeichnet. So ist zum Beispiel die Dichte der Ordnungsparameter, wenn man den Übergang von einer Flüssigkeit in ein Gas untersucht. Beim magnetischen Übergang ist der zu untersuchende Ordnungsparameter die Magnetisierung. Diese Ordnungsparameter variieren während der Phasenübergänge und nehmen verschiedene Zahlenwerte an, deren physikalische Bedeutung wie bei der Dichte oder bei der Magnetisierung ganz einfach zu verstehen ist.

Überraschenderweise war der Ordnungsparameter bei den Ergebnissen meiner Berechnungen zu den Spin-Gläsern nicht mehr nur eine Zahl, deren Wert sich während des Übergangs veränderte: Was während des Übergangs variierte, war vielmehr eine Funktion. Ein Punkt reichte nicht, um den Übergang zu kennzeichnen. Ich musste vielmehr eine Funktion nutzen, die sich nicht mehr aus einer einzigen, sondern aus unendlich vielen Zahlen zusammensetzte.

Was stellte diese Funktion physikalisch dar? Wenn für einen Übergang anstatt einer Zahl eine Funktion als Ordnungsparameter vorlag, setzte dies auch die Trennlinie, ab der sich der Replika-Trick nicht mehr in gewohnter Weise anwenden ließ. Bei einer Zahl erbrachte der Trick absurde Ergebnisse. Bei einer Funktion als Ordnungsparameter, also einer unendlichen Menge aus Zahlen (so wie eine Linie als eine unendliche Menge aus Punkten gelten kann), führte er dagegen zu kohärenten Ergebnissen.

Wie klar war, musste hinter der Tatsache, dass zur Beschreibung des Übergangs des Systems eine unendliche Anzahl an Parametern (also eine Funktion) notwendig war, eine grundlegende physikalische Bedeutung stecken, aber die war damals völlig unverständlich.

Eine seltsame Mathematik

Versuchen wir, bevor wir zur Physik kommen, nachzuvollziehen, welche Anpassung aus mathematischer Sicht notwendig war.

Damit der Replika-Trick funktionierte, musste ich ihn »erweitern«. Dass sich eine mathematische Methode erweitern lässt, geht auf eine Idee aus der Antike zurück: Wahrscheinlich als Erster nutzte diese Möglichkeit Nikolaus von Oresme, ein französischer Bischof, Mathematiker, Physiker und Ökonom, der Mitte des 14. Jahrhunderts lebte.

Oresme war eine geniale Persönlichkeit, ein leibhaftiger

Beweis dafür, dass das Mittelalter für die Wissenschaften keine so finstere Epoche gewesen war, wie es unsere Schulbücher einst darstellten. Zu den vielen Dingen, die eine Ahnung von seinen Fähigkeiten geben, gehört ein Werk (von etwa 1360!) über die atmosphärische Lichtbrechung, die Sterne in ihrer Position verzerrt erscheinen lässt. Ich habe es natürlich nicht ganz gelesen, weil es in Latein verfasst ist …, jedenfalls war seine Überlegung aus konzeptioneller Sicht richtig. Der Gedanke war ihm wahrscheinlich bei der Beobachtung der Sonne gekommen, die sich während ihres Untergangs am Horizont abflacht. Das brachte ihn auf den Gedanken, dass eine optische Verzerrung vorliegen müsse. Diese zu berechnen, ist für exakte astronomische Beobachtungen von höchster Bedeutung, weil die gemessene Position von Gestirnen mitunter um zwei oder drei Grade korrigiert werden muss.

Zurück zum Thema: Oresme erkannte als Erster, dass eine Zahl mit der Hochzahl ½ deren Quadratwurzel entspricht. Uns Heutigen erscheint diese Einsicht banal. Da wir mit ihr schon im Gymnasium konfrontiert wurden, ist uns gar nicht bewusst, welchen logischen Sprung Oresme vollzog, als er die Eigenschaften der Potenzen erweiterte, indem er auch Bruchzahlen als Exponenten nutzte, in denen bis dahin nur ganze Zahlen stehen konnten.

Die Idee, eine Zahl zur Potenz zu erheben, ist ganz einfach: Eine Quadratzahl zu bilden heißt eine Zahl einmal mit sich selbst zu multiplizieren. Um diese Zahl in die dritte Potenz zu erheben, multipliziert man sie zwei Mal mit sich selbst, und so weiter. Sie in eine halbe Potenz zu erheben, erscheint als Rechenoperation folglich absurd: Was heißt, eine Zahl »ein halbes Mal mit sich selbst malnehmen«.

Oresmes Gedanke bestand darin, eine Eigenschaft der Potenzierung zu erweitern: Die, nach der man die Exponenten miteinander multiplizieren muss, wenn man eine Potenzzahl potenzieren will. 2^2, zur dritten Potenz (Kubik) erhoben, ergibt 2^6 (also 64 oder 4^3).

Wenn wir eine zur ½-Potenz erhobene Zahl quadrieren, erhalten wir wieder die ursprüngliche Zahl (da 2 mal ½ 1 ergibt). Dies bedeutet, dass die Erhebung in die halbe Potenz dem Ziehen einer Quadratwurzel entspricht: Tatsächlich ist die Quadratwurzel einer zum Quadrat erhobenen Zahl eben diese Zahl. Diese Eigenschaften wurden formal abgeleitet, da es keinen Sinn ergibt, eine Zahl ein halbes Mal mit sich selbst zu multiplizieren. Aber die formalen Eigenschaften garantieren ein kohärentes Ergebnis. Nikolaus von Oresme überwand den ursprünglichen, unmittelbar einleuchtenden Blickpunkt, bewahrte dabei aber die formalen Eigenschaften und gelangte so zu einer sehr einfachen Methode, um auch komplexere Operationen durchführen zu können.

Seit Oresme hat die Mathematik häufig dadurch Fortschritte erzielt, dass sie Eigenschaften auf formal korrekte Weise auf neue Bedingungen erweitert und damit ihren Horizont ausgeweitet hat.

Um mein Problem zu lösen, habe ich eine ähnliche Methode angewandt. Ich habe mathematische Techniken, die nur für ganze Zahlen entwickelt und geprüft worden waren, formal angewandt, in der Hoffnung, dass die Eigenschaften des Formalismus auch bei nicht ganzen Zahlen gültig blieben.

Meine Idee war eine Erweiterung der Kombinatorik. Diese sagt mir zum Beispiel, wie viele Möglichkeiten es gibt, zehn Objekte paarweise in fünf Schubladen einzuordnen.

In einer Erweiterung kann ich mit dieser Gleichung auch herausfinden, auf wie viele Arten ich fünf Objekte in zehn Schubladen so unterbringen kann, dass in jeder ein Objekt »ein halbes Mal« untergebracht wird. Das Ergebnis ergibt natürlich wenig Sinn, weil die Operation in der Praxis nicht durchführbar ist und ja nicht bedeutet, dass das Objekt in zwei Stücke geschnitten wird. Es ist, als würde man sagen, dass die Anzahl der in der Schublade enthaltenen Objekte ein Halb betrage. Aber um auf eine normale Lösung zu kommen, in der es reale Dinge gibt, musste ich den Umweg über imaginäre Objekte gehen: Schubladen, die ein Objekt ein halbes Mal enthielten, eine nicht ganzzahlige Gesamtzahl an Objekten und eine nicht ganzzahlige Gesamtzahl an Arten, auf die man die nicht ganzen Dinge in die Schubladen stecken konnte!

Mit dieser Vorgehensweise als Ausgangspunkt bestand meine Idee darin, die Objekte zu halbieren, sie nochmals und nochmals zu halbieren und die Objekte in den Schubladen so gegen null streben zu lassen.

Dies ist selbstverständlich ein rein mathematisches Vorgehen, das in physikalischer Hinsicht wenig Sinn ergibt, aber es führte zu korrekten Ergebnissen, die mit den Daten der Simulationen vereinbar waren.

Zwei Probleme blieben ungelöst: zu beweisen, dass die Durchführung einer solchen Operation sinnvoll war, und aus physikalischer Sicht nachzuvollziehen, was es zu bedeuten hatte, dass der Ordnungsparameter von einer Funktion und nicht von einer einzelnen Variablen beschrieben wurde.

Binnen weniger Jahre wurde die mathematische Sprache des Replika-Tricks in die der statistischen Physik übersetzt. Sie war deutlich verständlicher, auch wenn die Formulierung weniger wortreich ausfiel.

Anhand einer Reihe von Indizien war es mir und meinen Freunden Marc Mézard, Nicolas Sourlas, Gérard Toulouse und Miguel Virasoro gelungen, die physikalische Bedeutung des Ergebnisses zu verstehen, ein gemeinsames Merkmal sämtlicher ungeordneter Systeme: Diese Systeme befinden sich gleichzeitig in zahllosen verschiedenen Gleichgewichtszuständen. Diese Entdeckung kam völlig unerwartet.

Wie in Abbildung 8 zu sehen, kann sich das System in jedem der Zustände entlang der gezeichneten Linie befinden. (Die mit A, B, C und D bezeichneten Punkte stellen beispielhaft vier der zahllosen Möglichkeiten dar.) Die Zustände haben verschiedene Energien, und es gibt viele Energieminima (Senken), in denen das System sein Gleich-

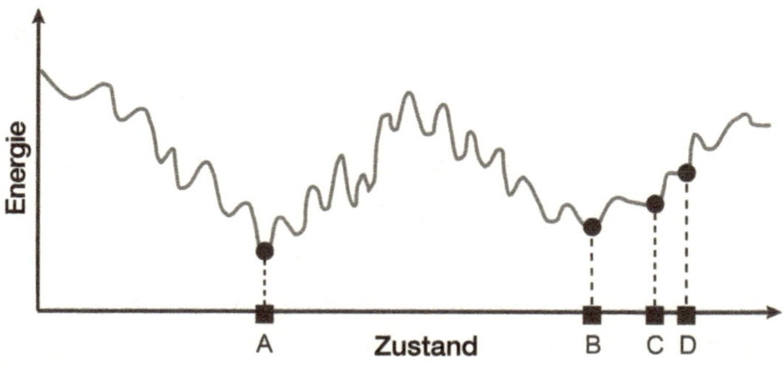

Abbildung 8: Bei niedrigen Temperaturen kann das System in jedem beliebigen der zahlreichen Zustände verharren, die von der Linie dargestellt werden.

gewicht erreicht. In dem mit A bezeichneten Zustand befindet sich das System auch in einem regionalen Tiefpunkt, ebenso wie im Zustand B. Dagegen befindet es sich in den Zuständen C und D zwar ebenfalls in einer Senke (in einer Gleichgewichtssituation, aus der es nur durch eine Erhöhung der Temperatur herauskommt), aber die ist flacher und stellt nicht das Minimum der betreffenden Region dar.

Im Graphen fallen zudem zwei breitere Vertiefungen auf (die Regionen um A und um B), die im Inneren jeweils viele kleine Senken enthalten. Wir können sie Zone M und Zone N nennen (Abbildung 9). Wenn das System beim Abkühlen in einem Zustand in der Region N landet (zum Beispiel einem der Zustände B, C oder D), verharrt es tendenziell auch bei steigender Temperatur in dieser Region, solange die Wärmezufuhr nicht allzu hoch ausfällt. Das System wird sich folglich innerhalb einer Region, also einer Menge aus Konfigurationen entwickeln, die von der Geschichte des Systems oder der Region aus den zahllosen Möglichkeiten selektiert wurde, in denen das System bei Absenkung der Temperatur gelandet ist.

Normalerweise befindet sich ein physikalisches System in einem einzigen Zustand. So ist Wasser bei einer bestimmten Temperatur und einem bestimmten Druck flüssig, fest oder gasförmig. Unter besonderen Umständen kann es sich auch in zwei Zuständen befinden, die gewöhnlich als Phasen bezeichnet werden. Wasser kann bei 100 Grad Celsius gleichzeitig flüssig und gasförmig sein. Bei einem ganz bestimmten Wert des Drucks und der Temperatur kann es sich sogar in allen drei Phasen befinden: fest, flüssig und gasförmig. Es ist der berühmte »Tripelpunkt« des Wassers, der nicht zufällig berühmt ist. Aber im Allgemeinen steckt ein System

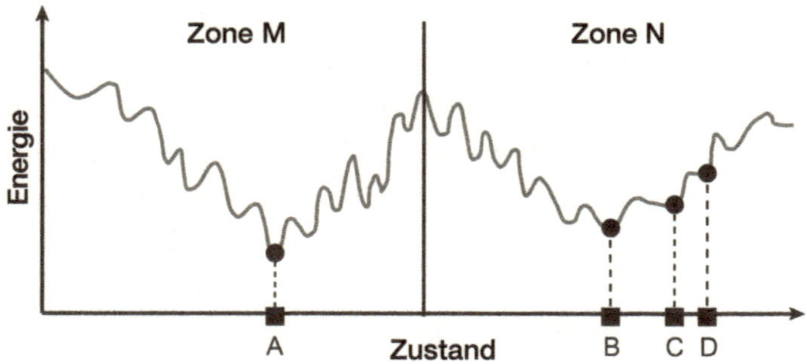

Abbildung 9: Zwei breite und tiefe Zonen, in denen sich das System entwickeln kann.

gewöhnlich in einer einzigen Phase. Dagegen befindet sich ein ungeordnetes System bei niedriger Temperatur gleichzeitig in sehr zahlreichen Zuständen. Genau das ist die Bedeutung des Ordnungsparameters, der zu einer Funktion, also zu einer Gesamtheit aus zahllosen Werten wird.

Das zu verstehen, war für die Physik ein echter Durchbruch. Die Konstruktion eines synthetischen Modells und seine Lösung ermöglichte es uns, einem Phänomen auf die Spur zu kommen, von dem wir vormals nichts wussten: Wir haben die Tür in die Welt der ungeordneten Systeme aufgestoßen.

Ausgehend von der physikalischen Interpretation gelang auch eine mathematische. Um den mathematischen Beweis zu führen, brauchte es 20 Jahre. Dabei war die Arbeit Francesco Guerras und seiner Mitarbeiter grundlegend für die Suche nach des Rätsels Lösung. Die bei der Beweisführung eingesetzten Argumente sind in ihrer Einfachheit wahrhaft genial: Aber im Nachhinein erscheint immer alles einfach.

Die für die Spin-Gläser entwickelte Lösung ist ein guter Ausgangspunkt für die Untersuchung echter Gläser, nämlich die der Fenster, deren Verhalten physikalisch bislang noch nicht umfassend verstanden ist. Wir beschäftigen uns mit Unterbrechungen seit Mitte der Neunzigerjahre damit, eine Beschreibung zu finden, die sämtliche Aspekte der Glasübergänge verständlich macht.

Wie ein Spin-Glas ist auch reales Glas ein ungeordnetes System. Seine Unordnung rührt daher, dass Glas nicht nur aus Silizium, sondern auch aus vielen Verunreinigungen, zahlreichen Molekülen verschiedener Art und Größe besteht. Glas kann folglich nicht kristallisieren, weil es dafür regelmäßige Strukturen braucht. Wie wir gesehen haben, ist für die Unordnung der Metalllegierungen, die als Spin-Gläser bezeichnet werden, die Zufälligkeit der Anordnung der Eisenatome im Inneren des Goldes verantwortlich: Im flüssigen Zustand der Legierung können sich die Atome im Gold nach dem Zufallsprinzip bewegen. Beim Auskühlen verringert sich ihre Bewegungsfreiheit jedoch immer stärker, bis sie in zufallsbedingten Positionen feststecken.

Das alles erscheint uns jetzt, während wir noch versuchen, zu einem umfassenden Verständnis der realen Prozesse zu gelangen, noch schrecklich kompliziert. Aber am Ende der Arbeit wird es dann ganz einfach wirken. Eine physikalische Theorie oder ein mathematisches Theorem erscheint im Lehrbuch wunderbar klar. Die komplizierte Arbeit, die zu diesem Ergebnis geführt hat, geht dabei völlig unter.

Ein anderes interessantes Problem, das es zu lösen gilt, ist der Übergang von einem schematischen Modell wie dem der Spin-Gläser zu einem realistischeren, das die zwischen den Spins wirkenden Kräfte detaillierter beschreibt. Wie lassen sich zum Beispiel die jeweiligen Abstände der Spins voneinander berücksichtigen?

Der Phasenübergang erfolgt über den Austausch von Wechselwirkungen zwischen Objekten, die eine bestimmte räumliche Anordnung zueinander haben. Im zuvor erörterten Modell bleibt dies unberücksichtigt.

Neben der räumlichen Struktur lässt das vereinfachte Modell auch die zeitliche Entwicklung unberücksichtigt.

Die Techniken der statistischen Mechanik lassen sich »einfach« anwenden, wenn das zu untersuchende System im Gleichgewicht ist, also über die Zeit stabil bleibt. Ein ungeordnetes System wie Glas oder Wachs braucht gewöhnlich allerlängste Zeit, ehe es zur Gleichgewichtsbedingung gelangt: Jahre oder Jahrhunderte können vergehen. Dies gilt auch für unsere Fensterscheiben, die allerdings mit verschiedenen industriellen Techniken gehärtet werden.

Befindet sich ein physikalischer Prozess nicht im Gleichgewichtzustand, gibt es insofern eine Zeitrichtung, als ein Früher oder Später unterscheidbar ist. Bei Systemen im Gleichgewicht ist dies nicht der Fall.

Vereinfacht gesagt: Wenn wir von einem Ball, der sich in einem stabilen Gleichgewicht befindet, also unten in einem Tal liegt, Fotos aufnehmen, können wir diese niemals in die chronologische Reihenfolge bringen, in der sie angefertigt wurden: Sein Zustand zeigt keinerlei Anzeichen einer Veränderung. Wenn wir dagegen Fotos von einem Ball schießen, der ins Tal hinabrollt, ändert sich das: In einer Situation des Ungleichgewichts ist der zeitliche Ablauf erkennbar.

Wir stehen also vor dem Problem, die Theorie – angesichts einer Situation des Ungleichgewichts – auf die Zeit und zudem auf den Raum auszuweiten, weil die Prozesse im Raum und die Wechselwirkungen nur zwischen benachbarten Teilchen erfolgen. Kurz gesagt: Um die Übergänge bei Glas von Grund auf zu verstehen, braucht es noch ziemlich viel Arbeit.

Die Perspektive erweitern

Ich war von der Idee ausgegangen, mir eine mathematische Technik anzueignen, die mir bei der Lösung eines Problems der Teilchenphysik helfen sollte (hier funktioniert der Replika-Trick in der Originalversion wunderbar), und bekam unversehens ein kraftvolles und nützliches mathematisches und konzeptionelles Instrument an die Hand, um eine breite Palette von Problemen zu lösen, die zudem scheinbar nichts miteinander zu tun hatten: Probleme, die ungeordnete Systeme betrafen.

Die reale Welt ist ungeordnet, und wie eingangs gesagt, lassen sich in der realen Welt viele Situationen beschreiben, in denen zahlreiche elementare Akteure miteinander interagieren.

Ihre Wechselwirkungen können mit einfachen Regeln schematisiert werden. Die Ergebnisse dieses kollektiven Wirkens sind häufig sehr überraschend.

Als Grundeinheiten können Spins, Atome, Moleküle, Nerven- oder allgemein Zellen fungieren, aber ebenso auch Websites, Börsenmakler, Aktien und Schuldverschreibungen, Personen, Tiere, Bestandteile von Ökosystemen und so weiter …

Nicht alle Wechselwirkungen zwischen den Grundeinheiten ergeben ungeordnete Systeme. Die Unordnung rührt daher, dass sich einige dieser Einheiten anders als andere verhalten: Manche Spins streben eine entgegengesetzte Ausrichtung an, manche Atome unterscheiden sich von der Mehrheit der anderen, einige Finanzakteure verkaufen Aktien, die von anderen gekauft werden, einige Gäste beim Abendessen haben etwas gegen andere Gäste und wollen nicht neben ihnen sitzen …

Für diese ungeordneten Fälle ist das von mir entdeckte mathematische und konzeptionelle Instrument unerlässlich, um die Probleme anzugehen.

So erzielten wir in jüngster Zeit beispielsweise wichtige Ergebnisse beim Versuch, das Problem zu lösen, in einer Schachtel die größtmögliche Anzahl von festen Kugeln unterschiedlicher Größe unterzubringen. Dieses Problem ist deshalb sehr interessant, weil feste Kugeln verschiedener Größen dazu dienen, Modelle für Flüssigkeiten, Kristalle, kolloidale oder granulare Systeme und für Pulver zu erstellen. Zudem hängt das »Zusammenpacken« fester Kugeln mit wichtigen Problemen der Informations- und der Optimierungstheorie zusammen.

Auf den Schultern von Riesen

Galileo Galilei verdanken wir ein hocheffizientes Instrument zur Erforschung der Natur: die vereinfachte Darstellung der Phänomene. Er errichtete eine Theorie, welche die Reibung vollständig vernachlässigt. Notabene: In einer Welt ohne Reibung könnten wir weder gehen (wir würden ausrutschen) noch essen (die Happen würden von der Gabel gleiten). Die galileische Welt, die den Anbeginn der modernen Physik markiert, ist also ganz anders als die reale. Im Verlauf der Jahrhunderte wurde sie um weitere Elemente ergänzt, so dass sie in unserer Zeit nun eine befriedigende Annäherung an die reale Welt darstellt. Gut zum Ausdruck kommt dies in einer herrlichen Passage über die Bewegung der Körper, die man in einem Brief Evangelista Torricellis findet.

»Ob die Prinzipien der Lehre *de motu* richtig oder falsch sind, ist für mich von geringster Bedeutung. Denn sind sie nicht richtig, dann tun wir so, als seien sie im Einklang mit unseren Annahmen richtig, und behandeln dann sämtliche anderen, aus diesen Prinzipien abgeleiteten Spekulationen nicht als vermischte, sondern als geometrische Dinge. Ich tue so oder nehme an, dass sich ein Körper oder Punkt im bekannten Maß hinauf und hinab und horizontal gleichförmig [in moderner Sprache: »ohne Luftwiderstand«] bewegt. Wenn dem so ist, so sage ich, dass er alles befolgen wird, was Galileo gesagt hat und was ich nochmals sage. Wenn dann Kugeln aus Blei, aus Eisen, aus Stein dieses angenommene Maß nicht beachten, dann sei's drum: Wir werden sagen, dass wir über sie nicht sprechen.«

Für Torricelli, nebenbei ein versierter experimenteller Physiker, war freilich klar, dass das Verständnis, wie sich Körper ohne Luftwiderstand bewegen, die Vorbedingung dafür darstellte, um anschließend ihre Bewegung mit Luftwiderstand nachvollziehen zu können. Es war folglich ein notwendiger Zwischenschritt.

Ausgehend von der Möglichkeit, physikalische Phänomene auf ihr Wesentliches zu reduzieren, hat sich die Physik in den letzten Jahrhunderten weiterentwickelt. Und dabei ist sie so leistungsfähig und vielfältig geworden, dass sie die Komplexität und Unordnung, die Galilei hatte ausschließen müssen, wieder in ihre Modelle einbeziehen kann.

Austausch von Metaphern zwischen Physik und Biologie

> Ein einzelnes Neuron schafft kein Gedächtnis, viele Neuronen zusammen schon. Das Gleiche lässt sich über Ziegelsteine sagen: Die Wissenschaft vom einzelnen Ziegelstein ist das eine, die Architektur das andere.

Wissenschaft gründet sich auf experimentelle Nachweise, analytische Belege und Lehrsätze. Aber das Fundament des wissenschaftlichen Lehrgebäudes beherbergt auch ein großes Sammelsurium an intuitiven Überlegungen. Auch in der Forschung – wie in der Kunst und bei zahlreichen weiteren menschlichen Aktivitäten – stellt sich zunächst eine Intuition ein, ehe Gewissheiten entstehen. Dazu zwei eindrückliche Beispiele.

Enrico Fermi und seine Mitarbeiter fanden heraus, dass Kernumwandlungsprozesse bei vielen Elementen weitaus effizienter ablaufen, wenn die Neutronen stark abgebremst werden. Der Schlüssel zu dieser Entdeckung hatte darin bestanden, dass der Bleiblock, der zur Abschirmung der Neutronen diente, zu Beginn des Experiments durch einen Paraffinblock ersetzt worden war. Fermi hatte dies ohne nachzudenken aus einem Impuls heraus veranlasst, worauf eine eindrucksvolle Verstärkung des Signals durch die Radioaktivitätszähler (über hundertfach) zu beobachten war. Amaldi, Pontecorvo, Rasetti und Segrè staunten nicht schlecht: Fermi brachte kurzerhand die Erklärung vor, dass das Paraffin die Neutronen abgebremst habe und langsame Neutronen folglich deutlich wirkungsvoller sein mussten als schnelle. Amaldi fragte ihn: »Was hat dich darauf gebracht, anstatt Blei Paraffin zu nutzen?« Fermi antwortete: »Meine fabelhafte Intuition.«

Mein Kollege Claudio Procesi von der Accademia dei Lincei, der italienischen Akademie der Wissenschaften, behauptet, ein guter Mathematiker unterscheide sich von einem schlechten darin, dass er sofort erkenne, welches die richtigen und welches die falschen mathematischen Aussagen seien. Ein schlechter Mathematiker müsse dagegen versuchen, die richtigen zu beweisen, um sie von den falschen zu unterscheiden.

In beiden Beispielen ist Intuition äußerst wichtig. Die eingesetzten Instrumente gehen weit über die formale Logik hinaus. Es ist hochinteressant, intuitive Überlegungen zu untersuchen, die für wissenschaftlichen Fortschritt grundlegend sind. So spielen Metaphern eine entscheidende Rolle beim Austausch von Bildern und Ideen zwischen unterschiedlichen Disziplinen in der gleichen historischen Epoche.

Wenn wir eine Epoche aufmerksam betrachten, erkennen wir in ihr einen Zeitgeist: Wir entdecken Entsprechungen und Gleichklänge häufig nicht nur zwischen verschiedenen wissenschaftlichen Fachbereichen wie der Biologie, der Physik und so weiter, sondern sogar zwischen der Musik, der Literatur, der Bildenden Kunst und den Naturwissenschaften. Man denke nur an die Krise einer bestimmten Art des Rationalismus zu Beginn des 20. Jahrhunderts, an die

Veränderungen, die sich zeitgleich in der Malerei, der Literatur, der Musik, der Physik und der Psychologie vollzogen ... Obwohl weit voneinander entfernt, kommunizieren all diese Bereiche miteinander, und Metaphern spielten sicherlich eine gewichtige Rolle dabei, ein gemeinsames Empfinden zu schaffen.

Leider findet sich von den Zwischenschritten, die notwendig waren, um zu einem bestimmten Ergebnis zu gelangen, häufig keine Spur mehr. Das gilt für die Wissenschaft im Allgemeinen, aber auch immer drastischer für die »exakten« Wissenschaften, die *hard sciences*, wie sie im angelsächsischen Sprachraum heißen. Wir können nicht mehr nachvollziehen, was einen Wissenschaftler zu einer bestimmten Idee inspiriert hat, weil die außerwissenschaftlichen Überlegungen – insbesondere in der Mathematik, aber auch der Physik und anderen Fächern – außen vor bleiben, wenn die Sachverhalte in Artikeln und Büchern ausformuliert werden. Völlig bereinigt, ist der Text in einer formalen Sprache abgefasst, in der nichtfachliche Argumente selten anklingen. In allgemeiner gefassten Schriften (zum Beispiel in denen Poincarés), die metawissenschaftliche Überlegungen enthalten, haben sich mitunter noch Spuren der vorwissenschaftlichen Gedankengänge gehalten, aber in den meisten Schriften von Wissenschaftlern sind diese Themen Tabu.

Die Wahrscheinlichkeit

Auf der Suche nach konkreten Fällen, in denen möglicherweise eine Übertragung von Ideen zwischen verschiedenen Disziplinen stattfand, habe ich mir über die Nutzung des

Begriffs der Wahrscheinlichkeit in den Naturwissenschaften Gedanken gemacht. Einer der ersten Einsatzbereiche des Konzepts war, von Würfel- und Kartenspielen abgesehen, die Statistik, vom lateinischen *status* für »Zustand«. Zu ihr und zur Wahrscheinlichkeitsrechnung lieferten im 19. Jahrhundert zahlreiche Ökonomen und Soziologen wie Adolphe Quetelet höchst wichtige Beiträge. In der zweiten Hälfte des Jahrhunderts führten derweil Maxwell und Boltzmann – offenbar unabhängig voneinander – die Wahrscheinlichkeitsrechnung und die Statistik in die mikroskopische Physik ein, und zwar (wie die Ökonomen) mit dem Ziel, kollektive Verhaltensweisen zu verstehen. In jenen Jahren wurde zudem der Mechanismus der darwinschen Selektion formuliert: Genetische Merkmale mutieren zufällig und unterliegen nachfolgend einer natürlichen Auslese. Für Darwin liegt der Schwerpunkt der Evolutionstheorie im Konzept einer Selektion zwischen verschiedenen Möglichkeiten.

Mit der Wiederentdeckung der Mendelschen Regeln zur Vererbung zu Beginn des 20. Jahrhunderts wurde der physikalische Träger, auf den die Evolution einwirkt, in den Genen identifiziert. Darwins Theorie wurde zum vorherrschenden Paradigma der Biologie. Die Quantenmechanik in der Kopenhagener Deutung (Ende der Zwanzigerjahre), ein von der Biologie weit entferntes Gebiet, zeigt auf eindrucksvolle Weise viele Anklänge an Darwins natürliche Auslese. Ein Quantensystem kann sich in zahlreichen verschiedenen Zuständen befinden, und das Experiment (oder die Beobachtung) trifft eine zufällige Auswahl zwischen den verschiedenen Möglichkeiten.

In der darwinschen Theorie wie auch in der Quantenmechanik verläuft die (biologische oder physikalische) Evolution oder Entwicklung über neu vorgelegte Möglichkeiten, die zur Auswahl gestellt werden. Natürlich geschieht dies im Einzelnen grundlegend unterschiedlich: In der biologischen Evolution entstehen die neuen Möglichkeiten auf zufällige Weise und werden deterministisch selektiert *(survival of the fittest)*, während sich in der Quantenmechanik der Zustand auf deterministische Weise entwickelt und die Messung zufällig unter den verschiedenen Möglichkeiten auswählt, wie das Experiment ausgeht. Aber von den Unterschieden abgesehen, bestehen starke Übereinstimmungen zwischen beiden Vorgehensweisen: Möglicherweise hatten Niels Bohr, Max Born und die anderen Exponenten der Kopenhagener Deutung die darwinsche Evolutionstheorie im Ohr gehabt und wurden irgendwie von ihr beeinflusst. Leider findet sich in der bekanntesten, ins Englische übersetzten Fachliteratur davon keine Spur. Da ich kein Historiker bin, kann ich nicht beschwören, dass in einigen eher unbekannten Werken nicht doch davon die Rede ist, aber möglich ist auch, dass den genannten Forschern gar nicht bewusst war, wie sehr sie von Darwin beeinflusst wurden, und dass sie sich deswegen auch nie schriftlich dazu äußerten.

Die Gefahren der Metaphern

Klar unterschieden werden muss zwischen dem Einsatz der Metapher als heuristisches Instrument und dem Gebrauch von dieser und anderen rhetorischen Figuren wie dem Neologismus als Grundlage der Argumentation. Im Extremfall tritt dann Rhetorik an die Stelle von Logik. Ich halte diese zweite Vorgehensweise für schädlich. Nicht übertragbare

Konzepte werden in andere Fachsprachen übersetzt und dabei unbemerkt entstellt. Da wundert es nicht, wenn häufig völlig willkürliche Schlussfolgerungen herauskommen. Mitunter gebiert dies Ungetüme wie die Soziobiologie, in der biologische Argumentationsweisen und Metaphern ohne jede Überprüfung auf den Bereich des Sozialen übertragen werden. Dabei sind sie auf diesen Bereich nicht anwendbar, weil die impliziten Annahmen unter seinen Bedingungen gar nicht gelten. Und so gelangt man zu gefährlichen Schlussfolgerungen, die politisch dazu herhalten, abwegige Theorien wie den Sozialdarwinismus zu etablieren.

Verbreitet ist dieser nachlässige Gebrauch der Metapher auch in so manchem Bereich der Geisteswissenschaften, mit ebenso negativen, wenn auch nicht ganz so gefährlichen Ergebnissen. In diesem Zusammenhang komme ich schwer umhin, die berühmte Posse der Sokal-Affäre zu erwähnen. Um pseudophilosophische und pseudowissenschaftliche Vorgehensweisen anzuprangern, verfasste der amerikanische Physiker Alan D. Sokal einen Artikel, in dem er den metaphorischen Stil von Intellektuellen wie Lacan, Derrida und anderen nachahmte. »Transgressing the Boundaries: Toward a Transformative Hermeneutics of Quantum Gravity« beruhte auf einer Reihe physikalischer, soziologischer und psychologischer Metaphern, die so widersinnig waren, dass ihn sämtliche Kollegen für verrückt gehalten hätten, wenn Sokal sie ernsthaft formuliert und geglaubt hätte. In klarer Absicht, sinnloses Zeug niederzuschreiben, hatte er in einer geschliffenen akademischen Ausdrucksweise eine Reihe irrsinniger Vergleiche angestellt und das Ganze mit einem gewichtigen kritischen Apparat versehen. Unglaublicherweise nahm der Redaktionsausschuss den Artikel an und veröffentlichte ihn in einer der angesehensten Zeitschriften des Fachgebiets *(Social Text)*. Als Sokal öffentlich erklärte, dass er Unsinn niedergeschrieben hatte, kam es zum Skandal. In gewaltiger Verlegenheit versuchte sich jemand mit der Behauptung herauszureden, in Sokals Text sei vielleicht eine Bedeutung entdeckt worden, die außerhalb der Intention des Autors gelegen habe. Der höchst amüsante Artikel ist im Internet abrufbar, und wer den physikalischen Teil der Metaphern versteht, staunt über Sokals fast unerschöpfliche Phantasie.

Trotz der von Sokal aufgezeigten missbräuchlichen Verwendungen spielen Metaphern in der Wissenschaftsgemeinschaft eine höchst bedeutende Rolle, um Laien eine Entdeckung zu erklären. Häufig tauchen sie dann allerdings in der Allgemeinsprache in einer unpräzisen Verwendung auf, die nur schwer zu ertragen ist. Dass Metaphern den Sinn nicht getreu wiedergeben, ist völlig normal: Dies geschieht üblicherweise, wenn Ausdrücke aus einer Fachsprache in einer anderen gebraucht werden, in der sie eine neue Bedeutung erhalten. Auch wenn diese Vorgehensweise verständlich ist, macht sie Wissenschaftler ziemlich nervös.

Als besonders ärgerlich empfinde ich Ausdrücke wie: »Das ist der DNA der Linken eingeschrieben.« Für mich hört sich das zwangsläufig so an, als sei die DNA Grundlage für die Vererbung von Charaktermerkmalen, als erfolge eine Weitergabe getreu der darwinschen Lehre. Dabei wird Kultur ganz anders übermittelt, über erworbene Anschauungen, die in Lamarck'scher Manier mit Veränderungen an Nachkommen weitergereicht werden. Die Vorstellung, Kultur könne über die DNA weitergegeben werden, widerspricht den Grundprinzipien der Evolutionstheorie.

Mathematiker irritiert dagegen der unbedachte Gebrauch des Wortes »Theorem«. *Un teorema* ist im politischen Journalismus Italiens zum Synonym für eine willkürliche Argumentation geworden, häufig die eines Richters. Für einen Journalisten liegt dabei eine förmlich korrekte These vor, die allerdings auf falschen Annahmen konstruiert wurde – ein Syllogismus, verstanden als Trugschluss. Dabei haben die Journalisten vielleicht nicht ganz unrecht: Wissenschaftler gehen manchmal von inadäquaten Annahmen aus (zum Beispiel: »Nehmen wir an, ein Pferd hätte eine Kugelgestalt«) und gelangen mit einer mathematischen Überlegung zu zweifelhaften Schlüssen, die dann als Theoreme präsentiert werden. Aber die Mathematik ist nun einmal eine formal korrekte Methode, und ein Theorem behauptet richtigerweise, dass sich aus bestimmten Hypothesen bestimmte Konsequenzen ergeben. Es ist nicht verwunderlich, dass aus falschen Annahmen falsche Schlüssen folgen. Das Problem rührt daher, dass die Hypothesen oft fehlerhaft, aber gut verborgen und nicht einfach auszumachen sind, und dass die sich daraus ergebenen ebenfalls fehlerhaften Ergebnisse als richtig verfochten werden, da sie doch die Konsequenz eines Theorems seien. Fälle dieser Art gibt es zu Hauf, wie die Argumentationen vom Ende des 19. Jahrhunderts, in denen bewiesen wurde, dass ein Flugzeug nicht fliegen könne oder dass die darwinsche Evolutionstheorie irrig sein müsse, da die Erde doch höchstens 20 Millionen Jahre alt sei. Manche Beispiele für irreführende Argumentationen haben es zur Berühmtheit gebracht, und eben auf diesen Typ »Theorem« spielt die Metapher an.

In der Physik kommen Metaphern dagegen häufig in Krisensituationen zum Einsatz, in erbitterten metawissenschaftlichen Debatten darüber, was als physikalisches Gesetz zu gelten hat. Dazu einige Beispiele.

Einstein empfand die Quantenmechanik als unbefriedigend, obwohl er mehr als jeder andere zu ihrer Entstehung beigetragen hatte: Für ihn war sie »nicht der wahre Jakob«. Er wandte sich vornehmlich gegen die Kopenhagener Deutung, in der die Wahrscheinlichkeit eine grundlegende Rolle spielte: Die theoretische Physik *musste* deterministisch sein. So entstand der berühmte Satz »Gott würfelt nicht«, auf den Bohr entgegnete: »Einstein, sag' Gott nicht, was er tun soll.«

Gegen Ende der Fünfzigerjahre wurde entdeckt, dass die (für den radioaktiven Zerfall verantwortliche) schwache Wechselwirkung die Parität verletzt. Mit anderen Worten: Wenn wir uns die Filmaufzeichnung eines Experiments zur schwachen Wechselwirkung anschauen, können wir erkennen, ob der Film richtig oder spiegelverkehrt gezeigt wird. Dieses Ergebnis kam völlig unerwartet, weil die übrigen Naturkräfte nicht zwischen rechts und links unterscheiden. Die damals herrschende Verwirrung ist in Paulis Äußerung gut zusammengefasst: »Es hat mich nicht so sehr die Tatsache erschüttert, dass der Herrgott seinen linken Arm bevorzugt, als die, dass er – obzwar Linkshänder – sich immer symmetrisch gibt, wenn er sich ›stark‹ offenbaren will.«

Zuweilen ist schwer nachvollziehbar, ob Argumentationen als Metaphern, als Analogien, zu verstehen sind oder ob sie in einer ontologischen Bedeutung gebraucht werden. Im 17. und 18. Jahrhundert hatte die Mechanik in der Physik eine vorherrschende Stellung: Jedes physikalische Gesetz musste in der Terminologie von Maschinen erklärt werden, die auch unsichtbar oder mikroskopisch klein sein durften. Maschinen funktionierten durch Wechselwirkungen zwischen ihren Einzelteilen, die im Kontakt zueinander standen. In diesem konzeptionellen Rahmen erschienen über Entfernungen wirkende Kräfte absolut widersinnig. Newtons Gesetz der universellen Gravitation ging von einer Wechselwirkung zwischen sich anziehenden Körpern aus, die sich nicht berührten und wie die Planeten auf ihren Umlaufbahnen um die Sonne sogar sehr weit voneinander entfernt waren. Er redete sich mit dem Ausspruch *»hypotheses non fingo«* – »ich erfinde keine Hypothesen« – heraus, in der stillschweigenden Annahme, dass sich später andere darum kümmern würden, welches mechanische Modell sich seiner Theorie zugrunde legen ließe.

Die Gravitation als eine Wirkkraft aus der Ferne zu betrachten, blieb über ein Jahrhundert lang ein Skandal, so dass viele für sie eine mechanistische Erklärung beizubringen versuchten. Ein (und der wohl genialste) Versuch beruhte auf der Annahme, dass der Raum von einer allgegenwärtigen Strahlung erfüllt sei und die Objekte von ihr angetrieben würden. Die Strahlung komme gewöhnlich aus allen Richtungen, so dass sich die beteiligten Kräfte gegeneinander aufhöben. Wenn sich zwei Objekte nahe seien, würden sie sich wechselseitig verschatten, so dass sie von der Strahlung zusammengedrängt würden. Das sei der Ursprung der Schwerkraft. Diese Anschauung zum Grundmechanismus hielt sich bis zu Beginn des 19. Jahrhunderts: Das Vakuum avancierte zu einem mechanischen Medium (dem

Äther), dessen Schwingungen als Ursache für die elektrischen und magnetischen Felder gedeutet wurden.

Metaphern, Modelle und Analogien

Auch in der Biologie stoßen wir auf beständige Metaphern, die eine bedeutende Rolle spielten. So wurde beispielsweise im 17. Jahrhundert der Organismus als eine Maschine mit winzigen, unsichtbar kleinen Teilen aufgefasst. Nach Entdeckung der DNA, in der die Erbinformation kodiert ist, hielt in der Biologie die Metapher des Computers Einzug. Dabei war die Proteinstruktur die Hardware, während in der DNA die Software gespeichert war. Diese Metapher (Software / DNA und Hardware / Protein) hatte gewaltigen Erfolg, weil sie eine große Erklärungskraft besaß und den damaligen Kenntnisstand gut zusammenfasste. Wie später erkannt wurde, war das Zusammenspiel zwischen den Proteinen und der DNA deutlich komplexer: Die DNA veränderte sich selbsttätig, und auch weitere nachfolgende Entdeckungen machten die Metapher allmählich obsolet. Trotzdem wird sie weiterhin häufig genutzt.

Gegenwärtig sind wir in der Biologie mit neuen Metaphern konfrontiert. Einige beruhen zum Beispiel auf dem Konzept der Komplexität, auf der Idee, dass neue Phänomene entstehen, wenn Akteure in großer Anzahl (Moleküle, Gene, Zellen, Tiere, Spezies je nach Ebene der Diskussion) miteinander in eine kollektive Interaktion eintreten. Diese Phänomene rücken verstärkt in den Blick. Um die Interaktion der Akteure zu erklären, werden aus der Physik entlehnte Ideen und Metaphern herangezogen. Unter den vielen importierten Konzepten stechen die Netze (zum Beispiel Stoffwechselnetze) oder die fraktale Geometrie (die zur Untersuchung der Form von Lungen, der Äste von Bäumen oder der Struktur von Blumenkohl herangezogen wird) heraus.

Die Physik zeichnet sich durch den ausgiebigen Gebrauch von Modellen aus, die ihrerseits eine Art Metaphern darstellen. Tief beeindruckt hat mich eine Diskussion zwischen Giovanni Jona-Lasinio und Tommaso Castellani über den Widerwillen der Physiker den Metaphern gegenüber und ihre Neigung, sie zu demontieren. Jona behauptete kurzum, der Vergleich zwischen dem Wellenschlag von Kornähren und dem des Meeres stelle keine Metapher dar, da beide von den gleichen Gleichungen beschrieben würden: Letztlich handele es sich um dasselbe Phänomen, nicht um eine Metapher des einen für das andere. Dagegen wies Castellani darauf hin, dass den allermeisten Menschen das Wogen von Ähren und das des Meeres als zwei grundverschiedene Phänomene erschienen.

Wie kommt es, dass Physiker Metaphern gern demontieren? Für eine Antwort muss man sich klarmachen, was die Physik als Wissenschaft ist und wie sie zur Mathematik und zu den anderen Naturwissenschaften steht. Die Physik kann als angewandte Mathematik gelten. Von einem konkreten Problem ausgehend, überträgt der Physiker dieses in die Sprache seines Fachgebiets, die seit Galilei die der Mathematik ist. Zuweilen missachtet er dabei sozusagen die grammatischen Regeln. Doch wie Jona-Lasinio sagte, gilt hier poetische Lizenz.

Aber was genau ist Mathematik? Sie ist eine Wissenschaft, die mit Symbolen ohne jede konkrete Bedeutung operiert.

Nach Bertrand Russell ist Mathematik »die Wissenschaft, bei der man nicht weiß, wovon man spricht«. Und dies aus einem einfachen Grund: Wenn wir sagen, 2 + 3 = 5, haben wir keine Ahnung, womit wir es bei den fraglichen 5 »Objekten« zu tun haben – es könnte sich um 2 und 3 Telefonate handeln, die zusammen 5 Telefonate ergeben oder auch um die entsprechende Anzahl Kühe. Dies gilt schon auf einer sehr weit unten liegenden Abstraktionsebene und wird desto bedeutsamer, je weiter wir in Richtung abstrakterer Konzepte voranschreiten. Mathematische Objekte sind um alles sinnlich Erfahrbare bereinigt, weshalb mathematische so wie logische Aussagen allgemeine Gültigkeit haben.

Dagegen übersetzt der Physiker konkrete Phänomene in eine mathematische Sprache, in der sie viele ihrer körperlichen Merkmale verlieren und nur diejenigen behalten, die für ihre Untersuchung wesentlich sind. Das Wogen eines Ährenfelds und das des Meeres werden von ganz ähnlichen Gleichungen beschrieben: Mit derselben Gleichung dargestellt, sind sie nicht mehr eine Metapher füreinander, sondern werden zu physikalischen Verkörperungen der gleichen mathematischen Darstellung. Tatsächlich sind die Gleichungen für Ähren und für Meereswellen nicht exakt identisch, aber sie gehören derselben Familie an, lassen also beide die Ausbreitung von Wellen zu. Bei Ähren ist die Ausbreitungsgeschwindigkeit der Wellen unabhängig von der Wellenlänge – der Entfernung zwischen zwei aufeinanderfolgenden Wellen –, während sie bei den Meereswellen proportional zur Quadratwurzel der Wellenlänge ist. Deswegen breiten sich Tsunamiwellen mit ihren extremen Längen auch mit rasanter Geschwindigkeit aus.

Wie von Jona-Lasinio hervorgehoben, war es für die Physiker eine besonders wichtige Entdeckung, dass sich völlig unterschiedliche Systeme mathematisch gleich beschreiben lassen. Dabei sind zuweilen zwar die Gleichungen dieselben, nicht aber die mathematischen Ausdrücke, die den beobachtbaren Größen entsprechen. In diesem – dem interessantesten – Fall kann das beobachtete Verhalten beider Systeme jeweils deutlich unterschiedlich ausfallen. Die Systeme können auch völlig verschiedenen Bereichen der Physik angehören (zum Beispiel der Festkörper- und der Teilchenphysik), so dass es zuweilen sehr überrascht, wenn sie sich in dieselbe mathematische Darstellung überführen lassen.

Sobald klar wird, dass zwei ganz unterschiedliche Gebiete der Physik derselben mathematischen Struktur zugeschrieben werden können, führt dies häufig zu einem sprunghaften Erkenntniszuwachs, weil sich beide Bereiche wechselseitig befruchten. Wenn beide Systeme gut erforscht sind, kann die Fülle der Ergebnisse und Methoden, die im ersten Bereich erzielt wurden, (nach angemessener Übersetzung) auf den zweiten angewandt werden. Wenn das gleiche formale mathematische System zwei völlig verschiedene physikalische Realisierungen hat, können im Allgemeinen in beiden mit Hilfe der physikalischen Intuition wertvolle ergänzende Informationen gewonnen werden.

In einer Gemeinschaftsarbeit mit Yoichiro Nambu von 1961 beschrieb Jona-Lasinio eine Analogie zwischen dem Quantenvakuum und der Supraleitfähigkeit. Der Ausdruck »Analogie« ist stark überholt. In der Zeit zwischen Mitte der Sechzigerjahre und den Siebzigerjahren wurde erkannt, dass die Berechnung der statistischen Eigenschaften eines Materials und die Struktur des Quantenvakuums zwei verschiedene Aspekte desselben mathematischen Problems sind. Die Informationen aus den Experimenten an Metallen (wir wissen zum Beispiel, dass bestimmte Materialien supraleitend sind) geben uns Aufschlüsse über verschiedene mögliche Verhaltensweisen des Quantenvakuums. Ab den Achtzigerjahren verschwand das Wort »Analogie« und wich einem Ausdruck wie »Wir vermuten, dass das Quantenvakuum supraleitend ist«.

Die Beziehung zwischen der statistischen Mechanik von Materialien und der Quantenphysik der Elementarteilchen stellte eine wahrhaft wichtige Entdeckung dar. Das wohl eklatanteste Beispiel für diese Beziehung lieferte die Pionierarbeit von Giovanni Jona-Lasinio und Carlo Di Castro, die die Renormierungsgruppe erstmals zur Erforschung der Phasenübergänge angewandt haben. Wie wir sahen, wurden nämlich die Renormierungsgruppe, die im Umfeld der Quantentheorie und der relativistischen Quantenfeldtheorie entwickelt wurde, sowie sämtliche verfeinerte Techniken in diesem Bereich auf die statistische Mechanik der kritischen Phänomene angewandt, und das mit großem Erfolg. (Davon zeugt der Nobelpreis für Ken Wilson.) Die auf der Renormierungsgruppe beruhenden Techniken waren entscheidend für das Verständnis der kritischen Phänomene und wurden anschließend in die Elementarteilchenphysik zurückübertragen. Auf dieser Hin- und Rückreise wurden sie um neue Ideen und ein neues physikalisches Verständnis der Phänomene bereichert, und erst ab da begann die Renormierungsgruppe eine grundlegende Rolle in der Elementarteilchenphysik zu spielen.

In solchen Fällen kann man meiner Ansicht nach nicht von Metapher reden: Diese *cross-fertilization* ist etwas ganz anderes als die traditionellen rhetorischen Figuren. Die gleiche mathematische Abstraktion kann auf verschiedene physikalische Systeme projiziert werden, und jede dieser Perspektiven klärt uns über verschiedene Aspekte auf. Betrachten wir zum Beispiel die komplexen, also die aus vielen Akteuren zusammengesetzten Systeme. Manchmal lässt sich das gleiche mathematische Modell auf die Untersuchung des Verhaltens von exotischen magnetischen Systemen bei niedriger Temperatur (die Spin-Gläser), auf die Funktionsweise des Gehirns, auf das Verhalten großer Gruppen von Tieren und auf die Ökonomie anwenden. In so einem Fall wird bei einer Nutzung von Schlussfolgerungen aus einem Gebiet, um Vorhersagen auf einem anderen zu treffen, eigentlich nicht auf eine Metapher zurückgegriffen, da es sich um Systeme mit einer ähnlichen mathematischen Formalisierung handelt. Es ist vielmehr der Versuch, Konzepte von der einen auf die andere Disziplin zu übertragen, der dadurch gerechtfertigt ist, dass sie gemeinsamen mathematischen Strukturen entsprechen.

Als Schlussbemerkung sei gesagt, dass ich anfangs nach Metaphern gesucht habe, in mir dann aber die Neigung der Physiker die Oberhand gewonnen hat, diese zu demontieren. Hoffentlich konnte ich wenigstens erklären, wo diese Gewohnheit herrührt. Ich weiß, ich bin vom Thema abgeschweift, aber manchmal weiß man zwar, von wo aus man startet, nicht aber, wohin man gelangt.

Wie Ideen entstehen

> In der Forschung tauchen nach und nach mehr neue Fragen auf, als wir Antworten bekommen können.

Woher kommen Ideen? Wie bilden sie sich im Kopf eines theoretischen Physikers wie mir? Welche Arten logischer Vorgehensweisen nutzen wir? Ich möchte nicht ausschließlich von den großen Ideen reden, die die Geschichte der Menschheit, die Geistesgeschichte, verändern. Vielmehr rede ich von dem, was »Mikrokreativität« genannt wurde, die kleinen Ideen des Alltags, die im wissenschaftlichen Milieu für Fortschritt entscheidend sind. Für mich ist eine Idee ein unerwarteter, überraschender und keinesfalls banaler Gedanke.

Ich beginne bei Henri Poincaré und Jacques Hadamard. Die beiden Mathematiker, die vom 19. bis ins 20. Jahrhundert lebten und wirkten, beschrieben wiederholt, auf welche Weise ihre mathematischen Ideen entstanden. Sie hatten dazu eine ähnliche Sicht. Beide stellten fest, dass sich beim Beweisen eines mathematischen Theorems drei Phasen unterscheiden lassen.

- Am Anfang steht eine Phase der Präparation, in der man das Problem untersucht, wissenschaftliche Literatur liest und erste erfolglose Versuche unternimmt, zu einer Lösung zu kommen. Nach einer Woche oder einem Monat endet diese Phase, weil Fortschritte ausbleiben.

- Es folgt eine Phase der Inkubation, in der eine Beschäftigung mit dem Problem (zumindest auf bewusster Ebene) aufgegeben wird.
- Die Inkubation endet abrupt im Augenblick der *Illumination*: Diese findet häufig in einer Situation statt, die gar nichts mit dem zu lösenden Problem zu tun hat, zum Beispiel bei einem Gespräch mit einem Freund, auch über ganz andere Themen.
- Am Ende, nach der Illumination, die allgemeine Linien vorgibt, wie das Problem angegangen werden soll, steht der faktische Nachweis an: mit einer Überprüfung, ob die Illumination richtig war, ob der Weg tatsächlich gangbar ist, und mit der Durchführung sämtlicher notwendiger mathematischer Schritte, um den Beweis zu führen.

In manchen Fällen erweist sich die Illumination natürlich als irrig: Sie nimmt die Tauglichkeit von Schritten an, die sich nicht beweisen lassen. Und dann heißt es von vorn beginnen.

Diese Beschreibung ist sehr interessant und lässt anklingen, dass das Unbewusste eine große Rolle spielt. Das sah auch Einstein so: Tatsächlich hob er bei verschiedenen Gelegenheiten die Wichtigkeit unbewusster Überlegungen hervor. Die Vorgehensweise, ein schwieriges Problem erst einmal beiseitezulegen, damit sich die Gedanken *setzen können*, und es sich mit frischem Elan wieder vorzunehmen, um es zu lösen, ist zweifellos weit verbreitet. Die Redensart »Die Nacht bringt Rat« gibt es in vielen Sprachen: *Consiliis nox apta; Night is the mother of councel; La notte porta consiglio, Il est utile de consulter l'oreiller, Antes de hacer nada, consúltalo con la almohada* (*oreiller* und *almohada* heißen »Kopfkissen«); *La note xe la mare d'i pensieri.*

In einem Sprung von den großen zu den alltäglicheren Problemen will ich von einer persönlichen Erfahrung berichten. Für meine Forschungen in theoretischer Physik muss ich häufig Computerprogramme schreiben, eine Tätigkeit, die ich unterhaltsam und entspannend finde. Ein Computer ist eine Maschine ohne jeden Verstand, die immer genau das tut, was man ihr vorschreibt. Sie hält sich dabei mit nervtötender Genauigkeit an die wörtliche Bedeutung. Wenn man einem Menschen erklärt, dass er in eine Straße einbiegen und dann immer geradeaus fahren soll, fährt er zum Glück nicht gleich bei der ersten Kurve in die Landschaft. Sich so zu verhalten, ist für einen Computer dagegen normal, falls man ihm nicht äußerst genau erklärt, was »geradeaus fahren« heißt.

Auch wenn man sich noch so sehr bemüht, weichen die Anweisungen an einen Computer beim ersten Versuch sehr häufig leicht von dem ab, was er tatsächlich erledigen soll. Ein neues Programm funktioniert oftmals nicht, egal, in welcher der vielen Programmiersprachen es geschrieben wurde: Einfache Tests erbringen ganz andere Ergebnisse als erwartet. (Das ist zumindest meine Erfahrung: Je besser der Programmierer, desto häufiger auf Anhieb ein Treffer ins Schwarze.)

Ich habe schon zahllose Male einen ganzen Vormittag darum gerungen, nachzuvollziehen, wo mir ein Fehler unterlaufen war: Ich ging das Programm aufmerksam durch, überprüfte einzeln alle Anweisungen und fragte mich, ob die Kommas stimmten, ob ein Semikolon fehlte und ob ein Gleichheitszeichen zu viel oder zu wenig dastand, aber vergebens. Im Auto, auf halber Strecke nach Hause, fiel es mir dann ein: »Da sitzt der Fehler!« Und im trauten Heim konnte ich mich anschließend davon überzeugen, dass ich ihn tatsächlich gefunden hatte.

Dergleichen kommt sehr häufig vor. Ein anderes – bislang leider nur einziges – Mal hatte ich ein ähnliches, aber spektakuläreres Erlebnis. Mit Kollegen hatte ich ein besonders schwieriges Problem in Angriff genommen. Wir suchten nach der geeigneten Strategie für eine Lösung, jedoch ohne Erfolg. Längste Zeit (über zehn bis fünfzehn Jahre) wurden verschiedene Annäherungen vorgeschlagen: Ich arbeitete persönlich an dem Problem, gab dann aber auf, weil es mir zu schwierig erschien. Später sagte mir ein Freund beim Mittagessen auf einer Fachtagung: »Na ja, das Problem, an dem du gearbeitet hattest, ist doch hochinteressant. Wenn es gelöst würde, zöge das eine Reihe von Anwendungen nach sich, die über das zunächst Gedachte hinausgingen.« Ich habe ihm geantwortet: »Aber dann muss man sich eben um eine Lösung bemühen. Man könnte vielleicht versuchen …« Daraufhin erläuterte ich ihm Schritt für Schritt die Strategie, um das Problem zu lösen, und am Ende stellte sich heraus, dass sie die richtige war.

Gedanken und Worte

In solchen Episoden erkennt man leicht Beispiele für den Inkubationsprozess. Ich bin überzeugt: Jeder von uns hat ähnliche Anekdoten zu erzählen. Wenn aber die Inkubation – ob für große wie für kleine Probleme – als ein unbewusster Prozess abläuft, stellt sich die Frage, welcher Logik dieser Prozess folgt und wie er überhaupt stattfinden kann. Sehr häufig gilt als ausgemacht, dass Denken in Worten erfolgt und unbewusste Überlegungen eigentlich kein Denken seien. Dem hätte Einstein widersprochen. Tatsächlich behauptete er, ein vollständig bewusstes Denken stelle einen Grenzfall dar, der sich eigentlich niemals ergebe: Denken habe immer einen unbewussten Anteil.

Auch wenn ich in der Sache kein Experte bin, sei mir erlaubt, einige Überlegungen zum bewussten und unbewussten Denken zu äußern. Wir haben den Eindruck, dass wir Überlegungen in Worten und ausformulierten Sätze anstellen, nicht nur im Gespräch mit anderen, sondern sogar beim Nachdenken in Stille. Würden wir aufgefordert, ohne den Gebrauch von Sprache über ein Problem nachzugrübeln, stünden wir mit leeren Händen da: Wir sind unfähig, das Problem in unserem Kopf zu lösen, ohne unsere Gedankengänge in Worte zu kleiden. Egal in welcher Sprache, solange es nur Worte sind.

Aber unsere Denkweise erschöpft sich nicht im Verbalen. Wenn wir einen Gedanken oder einen Satz beginnen, müssen wir den Fortgang tatsächlich schon kennen. Wir müssen grammatische Regeln beachten. Wenn wir einen Satz mit »kein« beginnen, halten wir nicht erst inne und fragen uns, was wir denn sagen wollen. Wenn uns das Wörtchen eingefallen ist, kennen wir bereits das nachfolgende Substantiv und wahrscheinlich auch den vollständigen Satz. Also muss der Gedanke in unserem Kopf schon vorhanden gewesen sein, wenn auch noch nicht in Worten ausgedrückt.

Gedanken in Worte zu fassen – sie zu formalisieren –, ist extrem wichtig. Worte haben Macht. Wörter reihen sich aneinander, indem eines das andere nach sich zieht. Im

Grunde funktionieren sie wie Algorithmen in der Mathematik. So wie der Algorithmus fast wie von selbst mathematische Überlegungen vorantreibt, so führen auch Wörter ihr Eigenleben. Sie evozieren andere Wörter und versetzen uns in die Lage, Abstraktionen zu erstellen, Ableitungen vorzunehmen und formale Logik zu gebrauchen. Vielleicht hilft die bewusste Ausformulierung dabei, Gedachtes im Gedächtnis zu behalten: Würden wir unsere Gedanken nicht mit Hilfe von Wörtern in eine Form bringen, könnten wir sie uns wohl schwieriger merken. Jedenfalls geht dem verbalen Denken zwangsläufig ein nichtverbales voran. Diese Behauptung ist gar nicht so seltsam, wenn wir uns vor Augen führen, dass Denken, historisch gesehen, weitaus älter ist als Sprache: Die menschliche Sprache dürfte einige zigtausend Jahre alt sein, wobei man sich aber nur schwer vorstellen kann, dass die Menschen vor ihrer Entwicklung nicht gedacht hätten (und dass Kleinkinder vor dem Spracherwerb oder Tiere nicht in irgendeiner Form denken).

Welcher Art Logik das nichtverbale Denken folgt, ist leider nur sehr schwer nachvollziehbar, auch deshalb, weil Logik auf Sprache verweist und es nahezu unmöglich ist, ein nicht in Worte gefasstes Denken mit den Instrumenten der Sprache zu untersuchen. Dennoch ist das unbewusste Denken entscheidend für die Formulierung neuer Ideen: Es kommt nicht nur während der langen Inkubationsphase zum Einsatz, die Poincaré und Hadamard beschrieben haben, sondern spielt auch allgemeiner eine grundlegende Rolle für die mathematische Intuition. Und diese zeigt auf den ersten Blick erstaunliche Merkmale.

Der Beweis eines Lehrsatzes setzt sich gewöhnlich aus zahlreichen aufeinanderfolgenden Schritten zusammen, die am Ende – Deduktion auf Deduktion – zur Lösung führen. Von seltenen Fällen abgesehen, steht diese Methode aber nicht gleich am Anfang. Normalerweise wird zunächst die Aussage formuliert: An diesem Punkt, mit dem Wissen, wovon man ausgeht und wo man hinkommen muss, erfolgt die Festlegung der Zwischenschritte, die dann mit den notwendigen Beweisen miteinander verbunden werden, bis man zum vollständigen Beweis gelangt. Es ist wie der Bau einer Brücke: Am Anfang steht die Entscheidung, wo die Brücke hinführen soll. Daraufhin werden die Fundamente für die dazwischenliegenden Stützpfeiler gelegt, über die am Ende die Fahrbahn verläuft. Es wäre sinnlos, zunächst einen ersten Bauabschnitt fertigzustellen und erst danach den zweiten zu planen, um womöglich festzustellen, dass seine Fundamente gar nicht gelegt werden können.

So wie ein Gedanke schon in seiner Gesamtheit vollständig präsent sein muss, bevor er ausformuliert wird, muss gewissermaßen auch im Kopf des Mathematikers ein Beweis zumindest in groben Zügen vorliegen, ehe dieser zur deduktiven Phase übergeht.

Dieses Vorgehen erklärt denn auch, wieso für so zahlreiche gültige Lehrsätze zunächst ein irriger Beweis vorgelegt wurde. Der Mathematiker formuliert seinen Satz korrekt und findet einen gangbaren Weg, macht dann aber häufig bei einem Zwischenschritt einen Fehler. Wenn seine Intuition annähernd richtig war, kann er den schwierigen Schritt entweder auf andere Art ausführen oder einen etwas anderen Weg gehen, um zum gleichen Ergebnis zu gelangen. Mathematiker reden häufig von der »Bedeutung« eines Lehrsatzes. Diese wird in einer informellen Sprache ausgedrückt, die sich zumeist auf Analogien, Ähnlichkeiten, Metaphern oder Intuitionen stützt. Aber diese Bedeutung ist aus den fertigen mathematischen Schriften, die in einer ganz anderen Sprache abgefasst sind, gewöhnlich verschwunden: Sie begründet in gewisser Weise die ursprüngliche Intuition, lässt sich aber nicht formalisieren und wird daher als etwas Unpräzises empfunden, über das man im Freundeskreis reden kann, das in einem streng wissenschaftlichen Text aber nichts zu suchen hat.

Die Intuition

Neben der mathematischen gibt es auch die andere, die physikalische Intuition, die sich im Laufe der Zeit herausgebildet hat. So hob der Wissenschaftshistoriker Paolo Rossi die große Intuition Galileo Galileis hervor, der annahm, dass sich die himmlische und die irdische Welt glichen, weshalb auf beide die gleichen Gesetze angewendet werden könnten. Von dieser Aussage ausgehend, gelangte Galilei zu zahlreichen Entdeckungen, die allerdings nur schwer zu beweisen waren. Die Argumentationen dazu drehten sich häufig im Kreis, wie der despektierliche Wissenschaftsphilosoph Paul Feyerabend hervorhob: Dass die Himmelswelt unvollkommen sei, würde durch die Sonnenflecken nur dann bewiesen, wenn diese keine vom Fernrohr hervorgerufene Täuschung seien. Da sich nicht überprüfen lasse, ob das Teleskop von der Himmelswelt falsche Bilder liefere, bedeuteten Galileis Beobachtungen Folgendes: Entweder existierten die Sonnenflecken und die himmlische Welt sei so unvollkommen wie die irdische oder das Fernrohr erzeugte falsche Bilder und wechselwirkte mit dem Licht irdischer bzw. himmlischer Objekte jeweils unterschiedlich. Die zweite Hypothese war offenkundig nur sehr schwer aufrechtzuerhalten, weil Sonnenflecken (wegen der Rotation der Sonne) mit konstanter Geschwindigkeit rotierten. Dennoch wirkte die Hypothese, dass es allgemein gültige Gesetze für das gesamte Universum gebe, zur damaligen Zeit verstörend. Und so wurden ihre Konsequenzen denn auch von vielen, die Galileis Intuition ablehnten, bis zu deren Nachweis zurückgewiesen.

Die physikalische Intuition spielte auch nachfolgend eine grundlegende Rolle, insbesondere bei der Begründung der Quantenmechanik zu Beginn des 20. Jahrhunderts. An diesem Abenteuer – einem der bedeutendsten in der Physik – waren zwischen 1901 und 1930 so herausragende Wissenschaftler wie Planck, Einstein, Bohr, Heisenberg, Dirac, Pauli, Fermi und viele mehr beteiligt. Es war ein sehr seltsamer Prozess mit einigen widersprüchlichen Aspekten. So wurden mehrere Phänomene (zum Beispiel die Schwarzkörperstrahlung) beobachtet, welche die damaligen Physiker nicht erklären konnten: nicht aus Unfähigkeit, sondern weil sie sich nur anhand der Quantenmechanik erklären ließen, und auf die war man damals noch nicht gekommen.

Was wäre das logische Vorgehen gewesen? Die Quantenmechanik erfinden und die richtige Erklärung liefern! Die Geschichte schlug einen völlig anderen Weg ein. Es wurden verschiedene Versuche unternommen, die Quantenphänomene innerhalb der expliziten klassischen Modelle mit der Hypothese zu erklären, dass einige der eher unbekannten Komponenten des Modells sich (mit der klassischen Mechanik faktisch unvereinbar) seltsam verhielten, getreu dem Motto: »Ich habe manches noch nicht verstanden, verstehe es aber in meinem nächsten Werk.« Ausgehend von Plancks Artikel von 1900 erschienen zahlreiche widersprüchliche Beiträge, einige davon klar erkennbar falsch. Andererseits konnten sie auch gar nicht richtig sein, da in ihnen das Unmögliche versucht wurde: die Quantenphänomene innerhalb der klassischen Mechanik zu erklären. Mit Blick auf die Schwarzkörperstrahlung nahm Planck beispielsweise an, dass das Licht mit Oszillatoren wechselwirke, welche die richtigen Quanteneigenschaften hatten – in absoluter Unvereinbarkeit mit den allgemeinen Prinzipien der klassischen Physik. Planck hatte gar nicht bemerkt, dass die unterstellte Vereinbarkeit mit dieser Physik falsch war, und verfolgte seinen Ansatz schnurstracks weiter.

Beeindruckenderweise ist festzustellen, dass seine vorgelegten partiellen Erklärungen richtig waren: Die physikalische Intuition war so kraftvoll, dass die Physiker Quantenphänomene in der Überzeugung erklärten, dabei im Bereich der klassischen Mechanik zu bleiben, und den Widerspruch zwischen dieser und den beobachteten Phänomenen immer weiter vor sich herschoben. Als die Widersprüche am Ende überhandnahmen, zeichneten sich bereits viele Aspekte der Quantenmechanik als einer neuen Physik ab. Um ein Beispiel zu geben: Bohrs Theorie von 1913 ging davon aus, dass das um einen Wasserstoffatomkern kreisende einzige Elektron nur festgelegten Umlaufbahnen folgen könne, die eine bestimmte Bedingung erfüllten. Unter dieser Annahme ließen sich auf einfache Weise die Spektrallinien des Lichts berechnen, das von Wasserstoff emittiert wurde. Die Hypothese war in der klassischen Mechanik unhaltbar, lieferte aber die grundlegenden Hinweise zur Errichtung der Quantenmechanik – allerdings erst zehn Jahre später mit dem aufkeimenden Bewusstsein, dass eine neue Mechanik dringend fällig war.

Die letzten Hürden fielen 1924/25. Die Folgejahre verzeichneten Fortschritte in einem eindrucksvollen Tempo, so dass die neu entstandene Quantenmechanik 1927 praktisch in ihrer endgültigen Formulierung vorlag. Ermöglicht worden war die Vorarbeit dazu (in den 25 Jahren von 1900 bis 1925) eben durch eine kraftvolle Intuition mit Blick darauf, wie das physikalische System organisiert war. Diese Intuition unterschied sich deutlich von der der Mathematiker und führte zu Beiträgen, welche die Physik trotz häufig irriger Argumentationen weiter voranbrachten.

Zum Thema Intuition sagte mir ein Freund, ein experimenteller Tieftemperaturphysiker: »Du musst deinen Experimentierapparat, das System, das du misst, die Phänomene, die du betrachtest, am Ende so gut kennen, dass du ohne nachzudenken sagen kannst, warum die Antwort richtig war.« Im Vorwort zu seinem schönen Buch zur Mechanik schreibt Giovanni Gallavotti, gute Studierende müssten über den Beweis eines Lehrsatzes solange nachdenken, bis ihnen der Lehrsatz offensichtlich und sein Beweis folglich überflüssig erscheine.

Intuition hängt stark vom Fachgebiet ab. In anderen Fällen stützt sie sich beispielsweise auf den mathematischen Formalismus. Dieser ist ein extrem wirkungsvolles Instrument, wird aber noch wirkungsvoller, wenn sich das Unbewusste selbst allmählich an algorithmische Vorgehensweisen gewöhnt. Wie wir sahen, habe ich bei meinen ersten Forschungen zu Spin-Gläsern den Replika-Trick angewendet, einen pseudomathematischen Formalismus (in dem Sinn, dass die mathematische Richtigkeit meiner Vorgehensweise erst viele Jahre später bewiesen wurde). Dadurch gelangte ich zum Endergebnis, ohne selbst verstanden zu haben, was ich da getan hatte. Und es dauerte noch Jahre, bis ich die physikalische Bedeutung meiner Resultate erkannte. Ich hatte unbewusst eine Reihe von Regeln erstellt, um zu verstehen, welche Richtung ich bei den Berechnungen einschlagen musste. Und die hätte ich niemals formalisieren können.

Unbewusst vorzugehen ist nicht nur für die Lösung wissenschaftlicher Probleme typisch. Wie Luce D'Eramo, eine große Schriftstellerin des 20. Jahrhunderts, sagte, sei dies ihre übliche Methode, wenn sie einen Roman schreibe: Sie lese alles bisher Geschriebene nochmals durch und entscheide dann, wie die nächste Szene beginne. An dem Punkt führe sie sich die Figuren mental vor Augen, lasse sie in der Szene handeln und beobachte sie dabei: »Nicht ich entscheide, was sie zu tun haben. Ich stelle sie mir vielmehr vor und beobachte sie dabei, wie sie reden, wie sie agieren: Ich schreibe nieder, was sie tun.« Die Ähnlichkeiten zu Poincarés und Hadamards Vorgehen sind offensichtlich.

Die Schlussfolgerung kennen

Abschließend eine letzte Überlegung dazu, dass unsere Denkweise komplexer ist, als wir glauben. Mir ist immer aufgefallen, wie schwer es ist, zu beweisen, ob eine Aussage richtig oder falsch ist, wenn uns keinerlei Hinweis auf das Endergebnis vorliegt. Wenn starke heuristische Argumente dafür sprechen, dass eine Aussage richtig (oder falsch) ist, fällt es häufig (aber nicht immer) deutlich *leichter*, einen entsprechenden Beweis zu finden. Im gegenteiligen Fall –

wenn Hinweise fehlen – könnte man eigentlich erwarten, dass man höchstens doppelt so lange braucht, um zum Endergebnis zu gelangen: In der einen Hälfte der Zeit stellt man Überlegungen an, als sei die Richtigkeit der Aussage bereits bekannt, und in der zweiten, als wüsste man schon, dass sie falsch ist. Einfacher gesagt als getan. In der Praxis versucht man zunächst, Argumente zu finden, die die Aussage beweisen, und falls dies scheitert, sie entsprechend zu widerlegen. Dabei wechselt man zwischen beiden Haltungen hin und her und kommt nicht weit. Wir können wohl bewusst von einer Hypothese zur gegenteiligen übergehen, aber das Unbewusste gibt uns keine klaren Signale.

Dass eine kleine Zusatzinformation manchmal eine erhebliche Rolle spielt, kann eine Episode verdeutlichen, die ich selbst verblüfft miterlebt habe. Im Rahmen höchst vereinfachter Modelle wurde eine besonders interessante Eigenschaft (nennen wir sie schlicht X) nachgewiesen. Zur Weiterentwicklung der Theorie war es nun entscheidend nachzuvollziehen, ob sie sich auch bei realistischen Systemen nachweisen ließ. Darüber redeten meine Freunde und ich schon seit Jahren: Keiner hatte eine Idee, wie man den Beweis in Angriff nehmen könnte. Wir zweifelten sogar daran, dass sie sich – vorausgesetzt sie war richtig – überhaupt beweisen ließe.

Eines Tages berichtete mir mein Freund Silvio Franz, er habe mit Luca Peliti die Eigenschaft X nachgewiesen und dazu eine ganz einfache, aber trickreiche Idee genutzt. Ich war zufrieden. Ich reiste nach Paris und verkündete auf einem Vortrag, ich sei ganz zuversichtlich, dass die Eigenschaft X beweisbar sei. Weil ich aber erst abwarten wollte, bis mein Freund den Beweis schriftlich niedergelegt hatte, behielt ich das Ergebnis erst einmal für mich. Nach dem Vortrag, auf der Treppe der École Normale, sagte mir dann Marc Mézard, mit dem ich ebenfalls befreundet bin: »Entschuldige, Giorgio, warum hast du behauptet, du seist zuversichtlich, dass die Eigenschaft X beweisbar ist? Du weißt doch genau, dass wir gar keine Möglichkeit haben, sie zu beweisen.« Ich antwortete ihm: »Marc, Silvio Franz und Luca Peliti haben die Eigenschaft X soeben bewiesen: Sie haben mir den Beweis verraten, und er stimmt.« Zu meiner großen Überraschung entgegnete Mézard auf Anhieb: »Ach so, jetzt sehe ich ihn vor mir.« Und spontan legte er mir in groben Zügen den richtigen Beweis dar. Die schlichte Information, dass die Eigenschaft X anhand allgemeiner Kenntnisse beweisbar war, hatte ihm genügt, um in weniger als zehn Sekunden auf das zu kommen, wonach seit langem gefahndet worden war.

Es ist schon eindrucksvoll, wie zuweilen eine winzige Information genügt, um auf einem Gebiet, über das viel nachgedacht wurde, substanzielle Fortschritte zu erzielen. So berichtete Einstein beispielsweise, er habe 1907 viel über die Gravitation nachgedacht und eines Tages die »glücklichste Intuition seines Lebens« gehabt: Wenn wir im freien Fall in die Tiefe stürzen, spüren wir keine Schwerkraft mehr. Die Gravitation löst sich um uns herum auf. Die Schwerkraft hängt vom Bezugssystem ab, so dass sie sich, zumindest lokal, aufheben lässt, wenn wir ein geeignetes System wählen. Von dieser Beobachtung ausgehend, errichtete er die Allgemeine Relativitätstheorie, sein wohl grundlegendster Beitrag, mit der er seiner Zeit am weitesten voraus war.

Wie erzählt wird, soll Einstein seine Eingebung nach einem kuriosen Erlebnis gehabt haben (ob es stimmt, weiß ich nicht, aber falls nicht, ist es gut erfunden). Ein Maler, der die Fassade von Einsteins Wohnhaus anstrich, verrichtete seine Arbeit auf dem Gerüst im dritten Stock. Auf einem Stuhl sitzend, lehnte er sich eines Tages zu weit hinaus, verlor das Gleichgewicht und stürzte auf dem Stuhl in die Tiefe. Glücklicherweise brach er sich nur ein paar Knochen. Einige Tage später redete Einstein mit einem Nachbarn und fragte ihn: »Was mochte der arme Maler während seines Sturzes wohl gedacht haben.« Der Nachbar antwortete: »Ich habe mit ihm gesprochen, und er hat gesagt, er habe nicht mehr gespürt, dass er auf dem Stuhl saß. Als sei die Schwerkraft nicht mehr da gewesen.« Einstein griff die Beobachtung des Malers auf und gelangte von ihr ausgehend zur Formulierung der Allgemeinen Relativitätstheorie. Es ist bemerkenswert, wie Gravitationstheorien stets vor dem Hintergrund entstehen, dass etwas herabstürzt: bei Newton ein Apfel und bei Einstein ein Maler.

Der Sinn von Wissenschaft

> Auf die unmittelbare Verwertbarkeit wissenschaftlicher Forschung abzuheben ist Irrsinn. Berühmt ist die Antwort Faradays an den britischen Minister, der ihn gefragt hatte, wozu seine Experimente zum Elektromagnetismus dienten: »Das weiß ich im Augenblick nicht«, sagte er, »aber ziemlich wahrscheinlich können Sie es irgendwann mit einer Steuer belegen.«

»Wissenschaft ist wie Sex. Manchmal kommt etwas Sinnvolles dabei raus, aber das ist nicht der Grund, warum wir es tun«, sagte Richard Feynman, einer der bedeutendsten Physiker des 20. Jahrhunderts und wohl auch einer der sympathischsten.

Dieser Satz spiegelt, zusammen mit Dantes Imperativ »Ihr seid nicht da, zu leben wie die Tiere, Ihr sollt nach Tugend und nach Wissen streben«, hervorragend die subjektive Begeisterung der Wissenschaftler wider. Forschung ist ein gewaltiges Puzzlespiel, bei dem jedes an der richtigen Stelle eingefügte Teil die Möglichkeit eröffnet, das Puzzle noch weiter zu vervollständigen. Diesem gigantischen Mosaik fügt jeder Forscher ein weiteres Steinchen im Bewusstsein hinzu, damit seinen Beitrag zu leisten. Und im Wissen, dass diejenigen, die nach ihm kommen, auch auf seine Schultern klettern werden, um weiter zu sehen, wenn sein Name vergessen ist.

Wir können uns das wissenschaftliche Unterfangen mit einem einprägsamen Bild veranschaulichen. Ein paar Seeleute landen nachts auf einer unbekannten Insel und entzünden am Strand ein Feuer. Sie erkunden mit ihren Blicken die Umgebung. Je mehr Holz sie ins Feuer legen, desto weiter dehnt sich die sichtbare Zone aus. Aber hinter ihr bleibt stets eine geheimnisvolle Region, die vom Feuerschein nicht ausgeleuchtet wird und in der bei fast vollständiger Dunkelheit kaum etwas zu erkennen ist. Aber je höher die Flammen auflodern, desto weiter reicht der sichtbare Bereich. Je weiter wir das Universum erkunden, desto mehr neue Regionen entdecken wir: Mit jeder Entdeckung können wir zahllose neue Fragen formulieren, die bis dahin absolut unvorstellbar waren.

Aber unabhängig von diesen Betrachtungen ist für Wissenschaftler grundlegend, dass ihnen die Versuche, Puzzles zusammenzulegen, Vergnügen bereiten. Wenn wir über anstehende Projekte diskutierten, pflegte mein Lehrer Nicola Cabibbo zu sagen: »Warum würden wir uns mit diesem Problem befassen, wenn wir keinen Spaß daran hätten.« Manchmal sind Forscher geradezu verblüfft darüber, dass sie für ein Tun, das sie begeistert, auch noch Geld bekommen. Aurelio Grillo, ein lieber Freund, meinte dazu: »Physik zu treiben ist eine Schufterei, aber immer noch besser, als zu arbeiten.«

Außer in den seltenen Fällen, in denen der Gelehrte aus wohlhabender Familie stammte und viel Freizeit zum Forschen hatte (denken wir an Plinius den Älteren oder an Fermat), stellte sich Wissenschaftlern von jeher das Problem, ihr Brot verdienen zu müssen. Und dafür waren die praktischen Anwendungen der Ergebnisse entscheidend. Man denke nur an eine der frühesten Wissenschaften: die Astronomie. In unseren gut beleuchteten Städten können wir uns das gewaltige Ansehen und die Macht derjenigen nur noch schwer vorstellen, die in frühen Kulturen den Ablauf der Jahreszeiten und die Bewegung der Sterne erforschten und die Finsternisse des Mondes (ganz zu schweigen von den furchteinflößenden der Sonne) vorhersagen konnten.

Auch wenn sich Mäzene allein vom kulturellen Interesse oder vom gesellschaftlichen Ansehen leiten ließen, war den Wissenschaftlern die Bedeutung praktischer Anwendungen durchaus bewusst: So schlug beispielsweise Galilei vor, die Okkultation der Jupitermonde als eine Methode zur Zeitmessung zu nutzen, die ohne Präzisionsuhren auskam und mit der sich der Längengrad auf See ermitteln ließ. Sein Vorschlag erwies sich für eine praktische Umsetzung als zu umständlich. Das Problem wurde erst im nächsten Jahrhundert endgültig gelöst, mit der präzisen Längenuhr, als Krönung einer Forschungsarbeit, die über hundert Jahre in Anspruch genommen hatte.

Unter anderem mit dem Ziel, die wissenschaftliche Forschung zu koordinieren, wurden im 17. und 18. Jahrhundert zahlreiche Akademien gegründet, die bis heute die Szene beherrschen: 1603 die Accademia dei Lincei, 1660 die Royal Society, 1666 die Académie des Sciences, 1743 die American Philosophical Society. Letztere ist von besonderem Interesse: Benjamin Franklin gründete sie in der erklärten Absicht, *nützliches Wissen* zu fördern.

Im Verlauf der Jahre wurde Wissenschaft für die Gesellschaft zunehmend nützlicher (wirtschaftliche Entwicklung beruht auf wissenschaftlichem Fortschritt), aber auch kostspieliger. Sie erforderte eine immer komplexere Technik und Organisation. Den Zweiten Weltkrieg kennzeichnete das erstmalige Aufkeimen einer Wissenschaft auf Massenbasis (»die Großforschung«): Vannevar Bush koordinierte eine Streitmacht aus 6000 amerikanischen Wissenschaftlern. Zur gleichen Zeit arbeiteten 50 000 Menschen am Bau der ersten Atombomben. In Italien verschlingt der Sektor Forschung und Entwicklung heute über 1 Prozent des Bruttoinlandsprodukts, während Südkorea über 4 Prozent (also das Vierfache) aufwendet. (Das Land hat uns also nicht nur 2002 aus der Fußball-WM geworfen.)

Wissenschaft und ihre Institutionen sind darauf angewiesen, von einer Gesellschaft finanziert zu werden, der es ziemlich egal ist, ob Forscher Spaß bei der Arbeit haben oder nicht. Glasklar zum Ausdruck brachte dies die sowjetische Abordnung auf dem Zweiten Internationalen Kongress für Wissenschaftsgeschichte, der 1931 in London tagte. Nikolai Bucharin, eine politische Persönlichkeit auf höchster Ebene, war in der UdSSR sehr populär und wurde später eines der berühmtesten Opfer der stalinistischen Säuberungen. Er schrieb, »der Gedanke, Wissenschaft sei Selbstzweck, ist naiv: Er beruht auf der Verwechslung der *subjektiven Leidenschaften* des Berufswissenschaftlers, der in einem ziemlich hochentwickelten arbeitsteiligen System tätig ist [...], mit der objektiven *gesellschaftlichen Rolle* dieser Art Aktivität, insofern sie von großer *praktischer* Bedeutung ist.«

Technologischer Fortschritt ist ohne eine parallel verlaufende Weiterentwicklung der Wissenschaft undenkbar. Wie in *L'ape e l'architetto* (»Die Biene und der Architekt«), einem Buch von 1977, gut belegt, liefert die theoretische Wissenschaft der angewandten Forschung nicht nur die notwendigen Erkenntnisse, damit sie sich weiterentwickeln kann (Fachsprachen, Metaphern, konzeptionelle Rahmen). Sie übernimmt auch eine weitere, weniger bekannte, aber nicht minder wichtige Rolle. Tatsächlich funktionieren sämtliche Arbeiten der Grundlagenforschung wie eine gigantische Teststrecke, auf der technische Produkte erprobt und Anreize gesetzt werden, um High-Tech-Güter zu konsumieren.

Angesichts dieses grundlegenden Zusammenspiels zwischen Wissenschaft und Technik könnte man meinen, der Wissenschaft stehe eine glanzvolle Zukunft bevor, weil die Gesellschaft immer abhängiger von moderner Technologie wird. (Die heute allgegenwärtigen Smartphones bewältigen bis zu Hundertmilliarden arithmetische Operationen pro Sekunde – eine Rechenkapazität, ungefähr so groß wie die der Mammut-Supercomputer von vor 25 Jahren.)

Tatsächlich scheint heute das Gegenteil der Fall zu sein: In der Gesellschaft machen sich starke antiwissenschaftliche Tendenzen breit. Das Ansehen der Wissenschaft und das Vertrauen in sie schwinden, und während gierig Technik konsumiert wird, finden astrologische, homöopathische und antiwissenschaftliche Praktiken immer größeren Zulauf. (Siehe beispielsweise die Bewegung der Impfgegner, das Bestreiten, dass das Bakterium Xylella für das Olivenbaumsterben in Apulien verantwortlich ist, ganz zu schweigen von den Corona-Leugnern.)

Woher dieses Phänomen rührt, ist im Einzelnen schwer nachzuvollziehen. Das massenhafte Misstrauen gegen die Wissenschaft mag einer gewissen Arroganz von Forschern geschuldet sein, die Wissenschaft gegenüber anderen diskutablen Formen selbst dann als absolutes Wissen darstellen, wenn sie ein solches in Wahrheit nicht ist. Diese Überheblichkeit äußert sich mitunter darin, dass kraft der Autorität von Experten bedingungslose Zustimmung eingefordert wird, ohne zu versuchen, dem Publikum die verfügbaren Belege verständlich zu machen. Die Weigerung, eigene Grenzen zu akzeptieren, kann das Ansehen von Wissenschaftlern beschädigen – wenn sie der Öffentlichkeit, die durchaus spürt, wenn Sichtweisen befangen und begrenzt sind, eine übertriebene Sicherheit vorspielen. Zuweilen präsentieren schlechte Wissenschaftsjournalisten Forschungsergebnisse als höhere Hexerei, deren Begründungen nur Eingeweihte verstünden. Wenn Laien Wissenschaft als unverständliche Magie wahrnehmen, kann es leicht passieren, dass sie sich irrationalen Standpunkten zuwenden, in die sie dann ihre Hoffnungen setzen. (Damit hat sich Marco D'Eramo in seinem Buch *Lo sciamano in elicottero* – »Der Schamane im Helikopter« – von 1999 eingehend auseinandergesetzt: Wenn Wissenschaft zur Pseudomagie wird, warum sich dann nicht gleich echter Magie anvertrauen?)

Das blinde Vertrauen darauf, dass die technologische zwangsläufig auch die wissenschaftliche Entwicklung voranbringt, ist mitunter eine tragische Illusion. Die Römer übernahmen griechische Techniken, ohne sich viel um die Wissenschaft zu kümmern. Aufgehetzt von Kyrill von Alexandria, dem Bischof und Kirchenvater, zerstückelten christliche Fanatiker bedenkenlos die Mathematikerin und Astronomin Hypatia. Ohne Rücksicht auf die langfristigen Folgen bejubelten sie den Untergang eines für unnütz, wenn nicht gar für schädlich gehaltenen Wissens.

Aber selbst wenn die Wissenschaft auf globaler Ebene weiter voranschreitet und die technologische Entwicklung vorantreibt, garantiert dies mitnichten, dass daran auch ein

Land wie Italien teilhat. Die systematische Deindustrialisierung zieht sich seit dem mysteriösen Tod Enrico Matteis (1962), des Spitzenmanagers der staatlichen Erdölgesellschaft Eni, wie ein roter Faden durch unsere Geschichte – genauso wie ein immer ausgeprägteres Desinteresse der Großindustrie für die Forschung, seitdem Pilotprojekte wie die von Olivetti ausliefen. Gut möglich, dass unsere Regierenden es zulassen, dass sich die italienische Industrie und Forschung auf einem Platz immer weiter unten wiederfindet und das Land nach und nach in die Dritte Welt abdriftet.

Am schleichenden Verfall der öffentlichen Schulen und am Rückzug des Staates aus der Finanzierung von Kulturgütern erkennen wir, dass sich *alle* kulturellen Aktivitäten Italiens in einem langsamen, aber beständigen Niedergang befinden. (So wurde das Restaurant des Kolosseums beispielsweise von privater Hand finanziert, während das staatlich festgelegte Budget für Kulturveranstaltungen beständig abgesenkt wurde und inzwischen nur noch die Hälfte von dem vor 20 Jahren beträgt.)

Wir müssen die italienische Kultur an allen Fronten verteidigen, damit wir nicht die Fähigkeit verlieren, sie nachfolgenden Generationen zu vermitteln. Wenn die Kultur verloren geht, was bleibt dann noch vom Land? Sämtliche Akteure in Kultur und Bildung (von den Kindergärtnern bis zu den Hochschulangehörigen, von den Programmierern bis zu den Autoren) müssen dem gegenwärtigen kulturellen Notstand gemeinsam die Stirn bieten, um ihn zu beheben.

Wissenschaft muss nicht nur deswegen verteidigt werden, weil sie von praktischem Nutzen ist, sondern auch wegen ihres kulturellen Wertes. Wir müssen den Mut aufbringen, uns ein Beispiel an Robert Wilson zu nehmen. Als sich 1969 ein amerikanischer Senator bei ihm erkundigte, welchen Nutzen der neue Teilchenbeschleuniger am Fermilab bei Chicago habe und, vor allem, ob er der militärischen Landesverteidigung dienen könne, antwortete er: »Höchstens wenn wir die langfristige Entwicklung von Technologie betrachten. Aber es geht um andere Fragen: Sind wir gute Maler, gute Bildhauer, große Dichter? Ich spreche von all den Dingen, die wir in unserem Land wirklich verehren. In diesem Sinne hat dieses neue Wissen alles mit Ehre und Vaterland zu tun, aber es hat nichts mit der Verteidigung unseres Landes zu tun. Es macht es nur wert, verteidigt zu werden.«

Damit sich Wissenschaft als Kultur behaupten kann, muss die Bevölkerung aufgeklärt, ihr Bewusstsein dafür geschärft werden, was Wissenschaft ist und welche Verflechtungen zwischen ihr und der Kultur bestehen, in der historischen Entwicklung wie in der heutigen Praxis. Ohne Magie zu beschwören, braucht es Erklärungen, womit sich lebende Wissenschaftler beschäftigen, was ihre gegenwärtigen Herausforderungen sind. Das ist keineswegs einfach, vor allem für die exakten Wissenschaften, in denen Mathematik eine wesentliche Rolle spielt. Aber mit einer gewissen Anstrengung ist es zu schaffen.

Häufig heißt es, exakte Wissenschaften seien unverständlich für Laien, die nicht Mathematik studiert haben. Aber das gleiche Problem stellt sich auch bei der chinesischen Dichtung, in der Literatur und Malerei untrennbar miteinander verknüpft sind: Als Originalmanuskript ist das Gedicht ein Gemälde aus einzelnen Ideogrammen, die als künstlerische Elemente in jedem neuen Manuskript anders dargestellt werden. Seine malerische Dimension geht in der

Übersetzung vollkommen unter, und ohne eine profunde Kenntnis des Chinesischen erschließt sich das Gedicht auch nicht in voller Schönheit. Aber so wie die Anmut der chinesischen Dichtung auch in anderen Sprachen zum Ausdruck gebracht werden kann, so lässt sich die Schönheit der exakten Wissenschaften ebenfalls denjenigen nahebringen, die mit der Mathematik nicht vertraut sind und keine naturwissenschaftliche Ausbildung genossen haben.

Das ist nicht leicht, aber durchaus möglich. Es braucht Initiativen, die besonders viele Menschen befähigen, sich der modernen Wissenschaft zu nähern. Geschieht das nicht, können sich auch die Wissenschaftler nicht aus ihrer Verantwortung herausreden.

Je ne regrette rien

> Beim Mittagessen am CERN hatte mir Tini Veltman geraten: »Mach nicht zu viel, konzentriere dich auf Weniges, aber Wichtiges.«

Ich bin mir nie klar darüber geworden, ob man es mit Stolz erzählen kann oder es besser als peinliches Geheimnis für sich behält, wenn man sich mit 25 Jahren den Nobelpreis vor der Nase hat wegschnappen lassen. Ich tendiere zur zweiten Hypothese. Aber die Geschichte ist so köstlich, dass ich sie trotzdem zum Besten gebe. Allerdings muss man den Zusammenhang verstehen, sonst erscheint sie fad.

Versetzen wir uns in die Zeit am Ende der Sechzigerjahre. Die experimentellen Ergebnisse waren klar: Proton, Neutron und die übrigen damals bekannten Teilchen wechselwirken stark miteinander. Mit anderen Worten: Wenn wir sie miteinander kollidieren lassen, springen sie aus ihrer Bahn, und bei besonders hohen Energien erzeugt die Kollision andere Teilchen. Bemerkenswerterweise gibt es nur sehr wenige Kollisionen, bei denen zwei Protonen wie zwei Billardkugeln elastisch voneinander abprallen, wenn die Stoßenergie groß genug ist.

Dass solche Kollisionen nur höchst selten auftreten, wurde in einer Theorie erklärt, nach der das Proton und das Neutron zusammengesetzte Teilchen sind: Sie werden beim Aufprall buchstäblich in Stücke geschlagen und können daher nicht intakt voneinander abprallen. Allerdings war noch nicht klar, wie sich die Grundbestandteile, also die Teilchen, verhielten, aus denen sich Protonen und Neutronen zusammensetzten. Es gab zwei Möglichkeiten:

- Zusammenstöße, bei denen diese Teilchen voneinander abprallten, ereigneten sich häufig, auch bei hohen Energien. Die Teilchen wechselwirkten demnach bei sämtlichen Energien heftig miteinander. In dem Fall blieb das Verhalten der Materie immer schwer nachzuvollziehen. Es gab keine Vereinfachungen bei hohen Energien.
- Die Zusammenstöße, bei denen die Elementarteilchen voneinander abprallten, ereigneten sich *selten*. Die Teilchen wechselwirkten also bei hoher Energie untereinander schwach und wurden füreinander quasi transparent. Wie sich die Bestandteile von Protonen und Neutronen bei hoher Energie verhielten, war leicht zu berechnen: Ihre Flugbahnen veränderten sich praktisch nicht, als träte keine Wechselwirkung auf. Eine Theorie dieses Typs wird heute als eine *asymptotisch freie* definiert. (In der Fachsprache der Physiker ist eine Theorie dann *frei,* wenn die Teilchen von ihrer Bahn nicht abweichen, wobei *asymptotisch* für »bei hohen Energien« steht.)

Eine asymptotisch freie Theorie hatte den Vorteil, dass bei hohen Energien einige Größen ziemlich leicht zu berechnen waren: Damit war zur Freude der theoretischen Physiker eine gewaltige Anzahl von Phänomenen potenziell vorhersagbar. Aber das Universum wurde aller Wahrscheinlichkeit nach nicht so konzipiert, dass es den theoretischen Physikern das Leben leicht macht. Also ließ sich aus diesem Argument keineswegs ableiten, dass sich das Universum zwangsläufig mit einer asymptotisch freien Theorie beschreiben lässt.

Ich hatte zunächst nach der ersten Hypothese gearbeitet: Sie war mir sympathischer, denn die Situation war schwieriger nachvollziehbar und bildete mit Blick auf die Ergebnisse eine größere Herausforderung. Und dann kam es wie in Äsops Fabel, in der die Trauben zu sauer waren. Tatsächlich war es niemandem gelungen, eine Theorie zu erstellen, in der die mutmaßlichen Bestandteile mit zunehmender Energie immer schwächer miteinander wechselwirkten: Ich glaube, dass die Wenigen, die über das Problem nachdachten, zum Schluss gelangten, dass eine solche Theorie wahrscheinlich nicht existierte. 1955 war dem genialen russischen Physiker Lew Landau aufgefallen, dass in sämtlichen bekannten Theorien die Intensität der Wechselwirkung mit zunehmender Energie wuchs. Eine mögliche Ausnahme könnten Wechselwirkungen ähnlich der elektromagnetischen bilden, bei denen aber das Feld selbst geladen war (die sogenannte Yang-Mills-Theorie). Für diese Wechselwirkungen waren die Berechnungen schwierig, so dass es sich noch nicht überprüfen ließ, ob die Annahme stimmte oder nicht. Fachlicher gesprochen, hatte Landau die Existenz einer Funktion (die sogenannte *Beta*-Funktion) entdeckt, die das Verhalten bei hohen Energien beherrschte: Wenn die Beta-Funktion positiv war, blieb die Wechselwirkung immer stark; wenn sie negativ ausfiel, war die Theorie asymptotisch frei.

Im Jahr 1968 hatte Richard Feynman vorgeschlagen, dass sich die bekannten Teilchen aus punktförmigen Komponenten zusammensetzen, mit zu vernachlässigenden Wechselwirkungen bei hohen Energien. Er nannte diese Bestandteile Partonen, insofern sie die Teile *(parts)* der Materie darstellen sollten. Obwohl sein Vorschlag Erfolg hatte, erlahmten die Anstrengungen, eine freie asymptotische Theorie zu errichten.

Erst 1972 zeigte Sidney Coleman in einer Veröffentlichung auf, dass Landaus Schlussfolgerungen auch dann vollkommen gerechtfertigt waren, wenn man kompliziertere Modelle als die vom russischen Physiker herangezogenen betrachtete. Blieb noch die Yang-Mills-Theorie zu untersuchen, um das Vorzeichen der Beta-Funktion zu verstehen: Ein negatives Vorzeichen wäre eine Überraschung mit tiefgreifenden physikalischen Konsequenzen gewesen. In einer Ironie des Schicksals stießen wir erst viele Jahre später darauf, dass schon 1969 ein russischer Physiker (Iosif Bencionovič Chriplovič) die Berechnung durchgeführt und sie in einer russischen Zeitschrift veröffentlicht hatte, die in Übersetzung in unserer Bibliothek vorlag. Der arme Mann war seiner Zeit vorausgewesen. Trotz der großen Eleganz und Klarheit seiner Berechnungen hatte niemand auf das Resultat geachtet: Ich habe es durch Zufall entdeckt, als ich in der gleichen Zeitschrift nach einem anderen Artikel suchte.

Die Bedeutung, das Vorzeichen der Beta-Funktion in der Yang-Mills-Theorie zu berechnen, war mir damals durchaus klar. Aber weil ich mit einem anderen Problem (den Phasenübergängen) beschäftigt war, widmete ich der Aufgabe wenig Zeit. Wie ich mich entsinne, hatte ich im Frühjahr 1972 – nachdem ich Colmans Arbeit gelesen hatte – begonnen, über das Vorzeichen der Beta-Funktion in dieser Theorie nachzudenken. An einem Tag, als ich im Haus meiner Eltern in der Badewanne lag, konzentrierte ich mich auf das Problem und blickte auf die mit orangefarbenem Marmor vertäfelten Wände. Wie ich sogleich feststellte, musste sich die Beta-Funktion aus der Summe von drei einzelnen Teilen zusammensetzen: Zwei hatten entgegengesetzte Vorzeichen und hoben sich wechselseitig auf, das dritte war unverrückbar positiv, also musste die Summe positiv sein. Hätte ich nur ein wenig mehr Zeit darauf verwendet und die Berechnung mit Hilfe der Rechenregeln für die Yang-Mills-Theorie durchgeführt – ich kannte sie in der Theorie, hatte sie aber noch nie angewandt –, wäre mir sofort klargeworden, dass ich noch einen vierten, einen ausschlaggebenden negativen Teil hätte hinzufügen müssen. Er hätte am Ende zu einem negativen Ergebnis geführt. Aber weil mir das positive Ergebnis gefiel, überprüfte ich die Berechnung nicht weiter und blieb bei meiner irrigen Überzeugung. Aber das war eigentlich nicht der Teil der Geschichte, den ich erzählen wollte: Dieser typische, der Eile geschuldete Fehler ist zwar eher unwichtig, hilft aber gleichwohl, die Vorgeschichte richtig einzuordnen.

Danach änderte sich die Situation schnell. Auf einer Konferenz in Marseille im Sommer 1972 verkündete der (damals 26-jährige) Utrechter Physiker Gerard 't Hooft, dass er das Vorzeichen der Beta-Funktion in der Yang-Mills-Theorie berechnet habe … mit einem negativen Ergebnis! Die große Ankündigung stieß auf totale Gleichgültigkeit. Die wenigen Anwesenden hörten kaum zu: Als einer meiner Freunde, ein Experte auf dem Gebiet, ein Jahr später dazu befragt wurde, erinnerte er sich, dass 't Hooft tatsächlich etwas gesagt habe, aber was, brachte er nicht mehr zusammen.

Als einzige Person erkannte Kurt Symanzik, ein genialer deutscher Physiker um die Fünfzig, die umfassende Bedeutung von 't Hoofts Ergebnissen. Er spornte ihn an, einen Artikel zum Thema zu verfassen. Mit Tini Veltman, dem Betreuer seiner Doktorarbeit, hatte 't Hooft soeben ein grundlegendes Problem der Theorie der elektroschwachen Wechselwirkung gelöst (wofür sie 1999 gemeinsam den Nobelpreis erhalten sollten) und damit begonnen, äußerst schwierige Berechnungen zur Quantengravitation durchzuführen: Die Berechnung der Beta-Funktion war für ihn kaum mehr als eine Übung gewesen, und für eine schriftliche Ausformulierung hatte er keine Zeit gehabt.

Ich besuchte Symanzik, einen engen Freund, im November des gleichen Jahres bei einem zweiwöchigen Aufenthalt in Hamburg: Er führte mich ins Restaurant oben im Fernsehturm (ich kostete jede der sechs verschiedenen Torten), wir schauten uns eine wunderschöne Aufführung der *Zauberflöte* an, und er lud mich zum Abendessen zu sich nach Hause ein, zu Zwieback mit Makrelen in Öl, dazu H-Milch, angereichert mit Kondensmilch. Zig Stunden diskutierten wir über Physik und gingen dabei alle möglichen Themen durch, die uns beide interessierten. Aber seltsamerweise erwähnte er 't Hoofts Ergebnis mit keinem Wort. Wie ich ein Jahr später von Veltman erfuhr, hatte Symanzik ihm gegenüber geäußert: *»Parisi is so wild«*, ich sei so ungestüm, es sei besser, mir nichts zu sagen. Symanzik befürchtete, ich könne einen Artikel zum Thema schreiben und 't Hoofts Ergebnis verwenden, wenngleich natürlich in Anerkennung seiner Leistung. Auch wenn das ein völlig korrektes Verhalten meinerseits gewesen wäre, zog Symanzik es vor, dass das Ergebnis der Welt von 't Hooft selbst anstatt von einem Dritten als Vermittler bekanntgegeben würde.

Von dem Ergebnis erfuhr ich erst im Februar 1973 durch

Symanzik. Zu der Zeit war ich soeben bei den Phasenübergängen einen wichtigen Schritt vorangekommen, so dass ich der Neuigkeit nicht die allergrößte Beachtung schenkte. Aber ich war soeben für zwei Wochen ans CERN nach Genf gereist, und da auch 't Hooft dort beschäftigt war, verabredeten wir uns für einen Vormittag, um zu sehen, wie sich sein Resultat zum Aufbau einer asymptotisch freien Theorie des Protons und der anderen Teilchen nutzen ließ.

Tatsächlich mussten wir die möglichen Bestandteile identifizieren, die die Grundlage der Theorie waren, und beweisen, dass 't Hoofts Berechnung in dem besonderen Fall eine negative Beta-Funktion ergab. Anscheinend war dies einfach. 1964 waren Quarks als Hypothese aufgekommen, worauf 1971 Gell-Mann, Bardeen und Fritsch eine Theorie vorgeschlagen hatten, nach der jedes Quark in drei Farben existierte, die untereinander wechselwirkten und dabei farbige Gluonen austauschten: Im Wesentlichen die Yang-Mills-Theorie, die 't Hooft mit Blick auf die Gluonen mit dem Zusatz der Quarks untersucht hatte. Mit Gell-Manns Theorie war ich eingehend vertraut: Er hatte sie bei einem Aufenthalt in Rom während eines öffentlichen Vortrags dargelegt und gezeigt, dass diese Theorie die Daten aus den Experimenten des ADONE-Speicherrings bei Frascati erklärten, des Labors, in dem ich arbeitete. Gell-Manns Argumentation stützte sich auf die Hypothese, dass die Quarks nicht bei hohen Energien wechselwirkten, also dass die Theorie asymptotisch frei sei. Ich hatte auf die gegenteilige Hypothese gesetzt und ging davon aus, dass die Quarks auch noch bei hohen Energien wechselwirken würden. Also klassifizierte ich Gell-Manns Ergebnis ziemlich großspurig als unbedarft, weil es nicht sämtliche Komplikationen einer

Theorie berücksichtige, in der Quarks wechselwirkten. Und so legte ich die Sache ad acta.

Aus der späteren Einsicht heraus wirkt meine Unterhaltung mit 't Hooft geradezu surreal.

»Hallo Gerard, du hast ja ein klasse Ergebnis erzielt. Vielleicht können wir überlegen, ob wir es nutzen und eine Theorie aufbauen können, die das Proton und die anderen Teilchen beschreibt.«

»Prima Idee, Giorgio! Aber wie? Die Felder der Yang-Mills-Theorie müssen irgendeine Ladung haben! Welche Ladung nehmen wir?«

»Wir könnten die elektrische und andere Ladungen gleicher Art nehmen.«

»Aber nein, Giorgio. Damit würden wir uns angesichts der experimentellen Daten unüberwindliche Schwierigkeiten einhandeln.«

»Schauen wir, ob wir einen Ausweg finden, damit mein Vorschlag funktioniert.«

»Nein, das ist nicht möglich.« Er erklärte mir seine Berechnungen, ohne dass ich irgendwo eine Lücke ausmachen konnte.

»Du hast wirklich recht, Gerard! Deine Theorie ist nicht verwertbar, um das Proton und andere Teilchen zu beschreiben. Sehr schade. Wir sehen uns in den nächsten Tagen.«

Wir kamen nicht ansatzweise auf den Gedanken, die von Gell-Mann vorgeschlagene Farbladung in Betracht zu ziehen. Hätte ich in dem Moment den Namen Gell-Mann irgendwo (zum Beispiel an einer Tafel) geschrieben gesehen oder hätte jemand in den Tagen danach, auch nur am Tisch beim Essen, von seinem Modell geredet, wäre ich zu 't Hofft gerannt und hätte »Heureka!« geschrien: Dann hätten wir binnen weniger Tage die notwendigen Überprüfungen vorgenommen und den Artikel an eine Zeitschrift geschickt. Wir waren mit einer unglaublichen Blindheit geschlagen gewesen, für die allein ich die Verantwortung trug. Gerard war ein sehr tiefsinniger Physiker mit der Fähigkeit, die feinsten Aspekte der Theorie analytisch zu durchdenken. Dagegen kannte ich die experimentellen Arbeiten, die verschiedenen Modelle, die in der Literatur vorgeschlagen wurden, wie aus dem Effeff: Ich hätte das richtige Modell erkennen müssen. An diesem Nachmittag 1973 ließen wir uns eine nobelpreisverdächtige Gelegenheit entgehen. Zu unserer beider Glück blieb sie nicht die einzige.

Wenige Monate später führten zeitgleich Hugh David Politzer auf der einen und David Gross und Frank Wilczek auf der anderen Seite 't Hoofts Berechnungen nochmals durch und identifizierten die Ladungen der Yang-Mills-Felder korrekt. Dies war die Geburtsstunde der Quantenchromodynamik. Ihr Artikel brachte den drei Autoren 2004 den Nobelpreis ein. Und ich habe seither eine nette Anekdote zu erzählen.

Viele Jahre später traf ich während eines Kongresses auf einen Freund, der die Angelegenheit aus der Nähe verfolgt hatte. Auf dem Flur kamen wir im Gespräch auf Ken Wilson, der 1982 für seine Theorie der Phasenübergänge mit dem Nobelpreis für Physik ausgezeichnet wurde. Wir erinnerten uns vor allem an seine Argumentation, wonach eine asymptotisch freie Theorie zwar eleganter gewesen wäre, dieses Kriterium aber nicht ausschlaggebend sei: Das Universum war schließlich nicht von einem Schneider kreiert worden. Wie ich hinzufügte, hatte ich Wilsons Meinung absolut geteilt und auch deswegen nicht intensiv nach einer befriedigenden asymptotisch freien Theorie gesucht: Dann musste ich dem Freund von meiner Unterhaltung mit ’t Hooft erzählen. Er verstand sofort, worum es ging:

»Aber Giorgio, hast du nicht daran gedacht, die Farbe heranzuziehen, wie von Gell-Mann vorgeschlagen?«

»Nein.«

»Das gibt’s nicht!«

»Es ist mir einfach nicht eingefallen.«

»Hättest wohl etwas länger als ein halbes Stündchen nachdenken sollen.«

Anmerkung

Am diesem Buch habe ich seit Jahren gearbeitet. Es entstand im Zusammenhang mit einigen Interviews, die Anna Parisi mit mir geführt hat. Sie lieferten Konzepte für einzelne Kapitel. Hier habe ich mich entschieden, nur diejenigen Themen zusammenzustellen und zu verarbeiten, denen ich die Verleihung des Nobelpreises im Oktober 2021 verdanke. Mit Anna bin ich trotz der Namensgleichheit nicht verwandt, habe mich von ihr aber gern in verschiedene Projekte zur Wissenschaftskommunikation einbinden lassen. Außerdem hat sie bei der Ausarbeitung einiger Passagen dieses Buchs geholfen.

Mit einigen Veränderungen greifen drei Kapitel veröffentlichte Texte wieder auf: »Austausch von Metaphern zwischen Physik und Biologie« und »Wie Ideen entstehen« waren ursprünglich Exposés für zwei römische Fachtagungen der Accademia nazionale dei Lincei mit den Titeln »Metafore e simboli nella Scienza« (8.–9. März 2013) beziehungsweise »Storia naturale della creatività« (3.–4. Juni 2009). Die Akten dazu wurden in zwei Bänden von 2014 bzw. 2010 vom Verlag Scienze e Lettere herausgegeben. »Der Sinn der Wissenschaft« geht dagegen auf einen Artikel mit dem Titel »A che serve la scienza« zurück, der in der Monatszeitschrift *Le Scienze* zu deren fünfzigjährigen Jubiläum (September 2018) erschienen ist.

***

Die Zitate an den Kapitelanfängen stammen aus Interviews, die Gabriele Beccaria und Francesco Vaccarino sowie Luisa Bonolis und Nuccio Ordine über die Jahre mit mir geführt haben. Ihnen danke ich.

Die nachfolgenden bibliographischen Angaben beziehen sich auf die Artikel und andere Quellen, die in den einzelnen Kapiteln erwähnt werden.

Der Flug der Stare

Zu den ersten Ergebnissen unserer Forschungen siehe M. Ballerini, N. Cabibbo, R. Candelier u. a, »Interaction ruling animal collective behavior depends on topological rather than metric distance: Evidence from a field study«, in: *PNAS. Proceedings of the National Academy of Sciences* 105(4) (2008), S. 1232–1237. Das Zitat von Max Planck stammt aus einem Brief von A. Sommerfeld an N. Bohr vom 4. Oktober 1913, in: N. Bohr, *Collected Works*, Bd. II, hrsg. v. U. Hoyer, Amsterdam [u. a.] 1981.

Die Physik in Rom vor rund 50 Jahren

Gell-Mann und Zweig haben das Quark-Modell unabhängig voneinander im Januar 1964 vorgeschlagen. Siehe hierzu M. Gell-Mann, »A schematic model of baryons and mesons«, in: *Physics Letters* 8(3) (1964), S. 214–215, beziehungsweise G. Zweig, »An SU(3) model for strong interaction symmetry and its breaking«, CERN, Report No. 8182/TH.401. Die Einführung der Farbe siehe O. W. Greenberg, »Spin and unitary-spin independence in a paraquark model of baryons and mesons«, in: *Physical Review Letters* 13(20) (1964), S. 598–602.

Die Metapher vom Fasan und vom Kalb siehe M. Gell-Mann, »The symmetry group of vector and axial vector currents«, in: *Physics* 1(1) (1964).

Phasenübergänge oder die kollektiven Phänomene

Die angeführten Artikel von Kenneth Wilson zur Renormierungsgruppe siehe K. G. Wilson, »Renormalization group and critical phenomena. I. Renormalization group and the Kadanoff scaling picture«, in: *Physical Review B* 4(9) (1971), S. 3174–3183; »II. Phase-space cell analysis of critical behavior«, in: *Physical Review B* 4(9) (1971), S. 3184–3205; »Renormalization group and strong interactions«, in: *Physical Review D* 3(8) (1971), S. 1818–1846; »Feynman-graph expansion for critical exponents«, in: *Physical Review Letters* 28(9) (1972), S. 548–551; K. G. Wilson, M. E. Fisher, »Critical exponents in 3.99 dimensions«, in: *Physical Review Letters* 28(4) (1972), S. 240–243.

Spin-Gläser: die Einführung der Unordnung

Die ersten vorgeschlagenen Modelle für Spin-Gläser siehe S. F. Edwards, P. W. Anderson, »Theory of spin glasses«, in: *Journal of Physics F: Metal Physics* 5(5) (1975), S. 965–974 sowie D. Sherrington, S. Kirkpatrick, »Solvable model of a spin-glass«, in: *Physical Review Letters* 35(26) (1975), S. 1972–1996. Die Serie meiner Beiträge siehe G. Parisi, »Toward a mean field theory for spin glasses«, in: *Physics Letters A* 73(3) (1979), S. 203–205; »Infinite number of order parameters for spin-glasses«, in: *Physical Review Letters* 43(23) (1979), S. 1754–1756; M. Mézard, G. Parisi, N. Sourlas, G. Toulouse, M. Virasoro, »Nature of the spin-glass phase«, in: *Physical Review Letters* 52(13) (1984), S. 1156–1159. Das Buch dazu siehe M. Mézard, G. Parisi, M. Virasoro, *Spin Glass Theory and Beyond: An Introduction to the Replica Method and Its Applications*, Singapur [u. a.] 1987.

Zu weiteren Anwendungen siehe G. Parisi, F. Zamponi, »Mean-field theory of hard sphere glasses and jamming«, in: *Reviews of Modern Physics* 82(1) (2010), S. 789–845.

Austausch von Metaphern zwischen Physik und Biologie

A. D. Sokal, »Transgressing the Boundaries: Toward a Transformative Hermeneutics of Quantum Gravity«, in: *Social Text* 46/47 (1996), S. 217–252, siehe unter www.jstor.org/stable/466856.

***

Ohne das Zutun meiner Lehrer, Schüler und Kollegen, mit denen ich studiert und gearbeitet habe, wäre ich nicht der Wissenschaftler, der ich bin. (Selbstverständlich ist auch die Wissenschaft ein kollektives Phänomen, ein komplexes System.) Einige habe ich im Buch genannt; ihnen und Hunderten weiteren, die ich ebenfalls nennen müsste, dann aber riskieren würde, jemanden zu vergessen, kann ich nur meine ganze Dankbarkeit ausdrücken.